DIE GESCHICHTE DER ASTRONOMIE

Von der Vorgeschichte bis
ins 20. Jahrhundert

JOSÉ RUIZ WATZECK

WATZECK HOME STUDIUS DIGITAL

Impressum © 2022 JOSÉ RUIZ WATZECK

Alle Rechte vorbehalten

Kein Teil dieses Buches darf ohne ausdrückliche schriftliche Genehmigung des Herausgebers reproduziert oder in einem Abrufsystem gespeichert oder in irgendeiner Form oder auf irgendeine Weise elektronisch, mechanisch, fotokopiert, aufgezeichnet oder auf andere Weise übertragen werden.

Coverdesign von: WATZECK HOME STUDIUS DIGITAL

INHALT

Titelseite

Impressum

VORWORT — 1

EINFÜHRUNG — 3

KAPITEL 1: ASTRONOMIE IN DER VORGESCHICHTE — 6

KAPITEL 2: KONSTELLATIONEN — 15

KAPITEL 3: ASTRONOMIE IN DER ANTIKE — 25

KAPITEL 4: ERATOSTENES VON KYRENE UND DIE ERSTE BESTIMMUNG DER DIMENSIONEN DER ERDE — 39

KAPITEL 5: PTOLEOMIE UND DAS GEOCENTRISCHE MODELL DES UNIVERSUMS — 44

KAPITEL 6: NIKOLAUS KOPERNIKUS UND DIE HELIOCENTRISCHE REVOLUTION — 52

KAPITEL 7: ISLAMISCHE ASTRONOMIE UND IHR WISSENSCHAFTLICHES ERBE — 57

KAPITEL 8: EUROPÄISCHE ASTRONOMIE IM MITTELALTER — 64

KAPITEL 9: GIORDANO BRUNO – DER MÄRTYRER DES UNENDLICHEN KOSMOS — 69

KAPITEL 10: TYCHO BRAHE – DER HIMMELSBEOBACHTER — 74

KAPITEL 11: JOHANNES KEPLER – DER MATHEMATIKER DES KOSMOS — 79

KAPITEL 12: GALILEO GALILEI – DER BOTE DER STERNE   82

KAPITEL 13: DIE KARRIERE VON ISAAC NEWTON: EINE BIOGRAFISCHE UND INTELLEKTUELLE ANALYSE   90

KAPITEL 14: ALBERT EINSTEIN – DER VISIONÄR DER MODERNEN PHYSIK   107

KAPITEL 15: NIKOLA TESLA – DAS GENIE DER ELEKTRIZITÄT UND INNOVATION   111

KAPITEL 16: DIE ENTWICKLUNG DER TELESKOPEN: VON DER OPTIK ZUM WELTRAUM   116

KAPITEL 17: DAS ZEITALTER DER EXOPLANETEN – DIE ENTDECKUNG NEUER WELTEN   136

KAPITEL 18: SCHWARZE LÖCHER UND GRAVITATIONSWELLEN: NEUE FENSTER ZUM UNIVERSUM   143

KAPITEL 19: ERKUNDUNG DES SONNENSYSTEMS – MISSIONEN UND ENTDECKUNGEN   150

KAPITEL 20: MODERNE KOSMOLOGIE – DAS EXPANDIERENDE UNIVERSUM   164

KAPITEL 21: NEUE GALAXIEN UND STERNE – JENSEITS DER MILCHSTRASSE   174

KAPITEL 22: DIE SUCHE NACH LEBEN IM UNIVERSUM – SETI   188

KAPITEL 23: DIE MENSCHLICHE ERKUNDUNG DES WELTRAUMS: VON DER VERGANGENHEIT IN DIE ZUKUNFT   194

KAPITEL 24: ASTRONOMIE IM 21. JAHRHUNDERT: HERAUSFORDERUNGEN UND CHANCEN   200

ABSCHLIESSENDE ÜBERLEGUNGEN   204

BIBLIOGRAPHISCHE REFERENZEN   207

Über den Autor   211

VORWORT

Seit der Veröffentlichung der ersten Ausgabe von „The Story of Astronomy: From Prehistory to the Twentieth Century" vor über zwei Jahren hat die Astronomie und die Weltraumwissenschaften außergewöhnliche Fortschritte gemacht. Neue Entdeckungen haben etablierte Paradigmen in Frage gestellt, die Grenzen des kosmischen Wissens erweitert und unser Verständnis des Universums neu definiert. Die zweite Ausgabe trägt daher dem Bedürfnis Rechnung, diese jüngsten Entwicklungen zu berücksichtigen und sicherzustellen, dass das Werk ein aktuelles und zuverlässiges Nachschlagewerk für Studierende, Forschende und Astronomiebegeisterte bleibt.

Die erste Ausgabe dieses Buches entstand aus tiefer Bewunderung für die menschliche Reise zum Verständnis des Kosmos, von den frühesten Himmelsbeobachtungen antiker Zivilisationen bis zu den hochentwickelten Weltraummissionen der Neuzeit. Wissenschaft ist jedoch von Natur aus dynamisch. Jede neue Beobachtung modernster Teleskope, jede überarbeitete oder neu formulierte Theorie erinnert uns daran, dass sich die Astronomie ständig weiterentwickelt. Diese zweite Ausgabe aktualisiert nicht nur den ursprünglichen Inhalt, sondern integriert auch die neuesten wissenschaftlichen und technologischen Fortschritte, die Astrophysik und Weltraumforschung revolutioniert haben.

In diesem Bericht beleuchten wir die bahnbrechenden Ergebnisse des James-Webb-Weltraumteleskops (JWST), das uns beispiellose Bilder des frühen Universums sowie wertvolle Erkenntnisse zur Galaxienentstehung, zu Exoplanetenatmosphären und zur interstellaren Chemie lieferte. Wir untersuchen außerdem Fortschritte in der Astrobiologie, die unser Verständnis der Möglichkeit von Leben jenseits der Erde erweitert haben, sowie die Entdeckung von

Exoplaneten in bewohnbaren Zonen, die die Debatte über die Einzigartigkeit unseres Planeten neu entfacht haben. Wir gehen auch auf theoretische und beobachtende Entwicklungen ein, die Bereiche wie Kosmologie, Physik Schwarzer Löcher sowie die Natur von Dunkler Materie und Dunkler Energie neu definiert haben.

Die Aktualisierung dieses Werks erforderte die sorgfältige Überprüfung jedes Kapitels, um sicherzustellen, dass der Inhalt den neuesten Erkenntnissen entspricht und den wissenschaftlichen Anforderungen eines Nachschlagewerks entspricht. „Die Geschichte der Astronomie: Von der Vorgeschichte bis zum 21. Jahrhundert" ist mehr als nur ein historischer Bericht, sondern eine Hommage an die menschliche Neugier und unser unermüdliches Streben nach dem Verständnis des Universums. Diese Neuauflage spiegelt nicht nur den wissenschaftlichen Fortschritt wider, sondern auch den Entdeckergeist, der die Menschheit über Jahrhunderte hinweg angetrieben hat.

Ich möchte allen Lesern danken, die diese Reise begleitet haben und deren Unterstützung für die Fortsetzung dieses Projekts unerlässlich war. Ich hoffe, dass diese zweite Ausgabe die gleiche Faszination für den Kosmos weckt, die mich zum Schreiben motiviert hat, und dass sie zukünftigen Generationen von Himmelsforschern als zuverlässiger und inspirierender Leitfaden dient.

Viel Spaß beim Lesen und Entdecken!

EINFÜHRUNG

Die Astronomie ist wohl die älteste Wissenschaft. Ihre Wurzeln reichen bis in die Anfänge der Menschheit zurück, als unsere Vorfahren auf der Suche nach Sinn, Orientierung und Verständnis den Himmel erblickten. Seit prähistorischen Zeiten war das Firmament nicht nur ein Schauspiel der Schönheit, sondern auch ein unverzichtbares Werkzeug für das Überleben und die Entwicklung früher Zivilisationen. Der Himmel diente als Karte, Kalender und natürliche Uhr, leitete praktische Entscheidungen und inspirierte mythologische und spirituelle Erzählungen.

Archäologische Funde belegen, dass bereits prähistorische Völker die Bewegungen des Himmels mit akribischer Aufmerksamkeit beobachteten. Megalithische Monumente wie der berühmte Steinkreis von Stonehenge in England (datiert auf 2500 bis 1700 v. Chr.), die Steinalignments von Carnac in der Bretagne oder die Stätten von Callanish in Schottland zeugen eindrucksvoll vom astronomischen Wissen dieser antiken Gesellschaften. Diese Bauwerke waren nicht bloße Kultstätten oder Tempel; sie dienten als primitive Observatorien, die präzise darauf ausgelegt waren, bedeutende Himmelsphänomene zu markieren. In Stonehenge beispielsweise sind die kolossalen Steine, die durchschnittlich 26 Tonnen wiegen, so ausgerichtet, dass sie zur Sommersonnenwende auf den Sonnenaufgang zeigen und so den Beginn der Jahreszeiten markieren. Diese Ausrichtungen zeugen von einem fortgeschrittenen Verständnis der Sonnen- und Mondzyklen sowie von der Fähigkeit, Ereignisse wie Sonnenfinsternisse vorherzusagen.

Die ältesten astronomischen Aufzeichnungen stammen aus der Zeit um 3000 v. Chr. und stammen aus Zivilisationen wie der chinesischen, babylonischen, assyrischen und ägyptischen. Für diese Völker hatte das Studium der Sterne sowohl praktische als auch spirituelle Zwecke. Kalender, die auf den Bewegungen von Sonne und Mond basierten, waren für die Organisation landwirtschaftlicher Aktivitäten wie Aussaat und Ernte unerlässlich. Sternbilder wurden oft mit Gottheiten und Mythen in Verbindung gebracht, was den Glauben widerspiegelte, dass himmlische Götter Naturphänomene und das menschliche Schicksal beeinflussten. Astronomie war daher untrennbar mit Astrologie verbunden, und der Himmel wurde als Spiegelbild der kosmischen und göttlichen Ordnung angesehen.

Mit der Entwicklung der Zivilisationen entwickelte sich auch die Erforschung des Kosmos. Die alten Griechen, darunter Aristoteles, Ptolemäus und Hipparchos, verliehen der Astronomie einen systematischeren und theoretischeren Charakter und legten damit den Grundstein für die moderne Wissenschaft. Im Mittelalter bewahrten und erweiterten islamische Gelehrte dieses Wissen, deren Übersetzungen und Kommentare klassischer Texte für die europäische Renaissance von grundlegender Bedeutung waren. In dieser Zeit veränderte die kopernikanische Wende unter der Führung von Nikolaus Kopernikus, Galileo Galilei und Johannes Kepler unser Verständnis des Universums radikal und ersetzte das geozentrische durch ein heliozentrisches.

Im 20. Jahrhundert erlebte die Astronomie eine noch tiefgreifendere Revolution, angetrieben von beispiellosen technologischen Fortschritten. Die Erfindung des Hubble-Weltraumteleskops, die Entwicklung der Radioastronomie und die robotische Erforschung des Sonnensystems haben unseren Horizont dramatisch erweitert. In jüngerer Zeit hat uns das James-Webb-Weltraumteleskop (JWST) beispiellose Einblicke in das frühe Universum ermöglicht, während Missionen wie New Horizons und Perseverance weiterhin die Geheimnisse von Pluto und Mars lüften. Darüber hinaus haben die Entdeckung von Exoplaneten in bewohnbaren Zonen und Fortschritte in der Astrobiologie die Suche nach Leben jenseits der Erde neu entfacht.

Dieses Werk, „Die Geschichte der Astronomie: Von der Vorgeschichte bis ins 21. Jahrhundert", verfolgt diese faszinierende Reise von den frühesten Himmelsbeobachtungen bis zu den jüngsten Entdeckungen, die unser Verständnis des Kosmos neu definieren. Mehr als ein historischer Bericht ist dieses Buch eine Hommage an die menschliche Neugier und den angeborenen Wunsch, das Unbekannte zu erforschen. Wir hoffen, es inspiriert die Leser, mit der gleichen Ehrfurcht und dem gleichen Staunen in den Himmel zu blicken, die unsere Vorfahren motivierten und Wissenschaftler heute noch motivieren.

KAPITEL 1: ASTRONOMIE IN DER VORGESCHICHTE

Seit Anbeginn der Menschheit weckt der Nachthimmel Faszination und Neugier. Frühe Menschen hinterfragten beim Anblick der leuchtenden Punkte am Himmelsgewölbe deren Ursprung und Bedeutung. Diese Beobachtungen waren nicht nur kontemplativer Natur; sie hatten tiefgreifende praktische, spirituelle und kulturelle Auswirkungen. Die Astronomie entstand daher aus dem Bedürfnis, Himmelsphänomene zu verstehen und zu interpretieren, und wurde zu einer der frühesten Formen organisierten Wissens der Menschheit.

Schon vor der Entstehung der ersten Zivilisationen nutzten prähistorische Gesellschaften den Himmel als wichtige Ressource für ihr Überleben und ihre soziale Organisation. An Lagerfeuern, die sowohl dem Schutz als auch der Geselligkeit dienten, erkannten die frühen Menschen Muster in den Bewegungen von Sonne, Mond und Sternen. Diese Muster bestimmten nicht nur alltägliche Aktivitäten wie Jagen und Sammeln, sondern inspirierten auch mythologische Erzählungen und Rituale, die den Ursprung und die Funktionsweise des Kosmos zu erklären suchten.

Die Archäologie hat eindrucksvolle Beweise für das astronomische Wissen prähistorischer Gesellschaften geliefert. Megalithdenkmäler wie Stonehenge in England und der Almendros Cromlech in Portugal sind bemerkenswerte Beispiele dafür, wie diese alten Kulturen die Astronomie in ihre religiösen und sozialen Praktiken integrierten. Diese präzise auf Himmelsphänomene ausgerichteten Bauwerke zeugen von einem fortgeschrittenen Verständnis der Sonnen- und Mondzyklen.

Stonehenge und prähistorisches astronomisches Wissen

Stonehenge liegt in der Salisbury Plain in Wiltshire nahe London und ist das wohl bekannteste prähistorische Monument der Astronomie. Sein Bau, der auf etwa 3000 v. Chr. zurückgeht, erforderte den Transport und die Platzierung riesiger Steinblöcke, von denen einige bis zu 26 Tonnen wogen. Die Hauptachse des Monuments ist auf den Sonnenaufgang zur Sommersonnenwende und den Sonnenuntergang zur Wintersonnenwende ausgerichtet, was auf einen direkten Zusammenhang mit den Jahreszeiten hindeutet.

Stonehenge

Stonehenge

Der britische Astronom Sir Joseph Norman Lockyer (1836–1920) war einer der Ersten, der Stonehenge und andere Megalithdenkmäler als astronomische Stätten betrachtete. In seiner These argumentierte Lockyer, diese Stätten seien errichtet worden, um wichtige Himmelsereignisse wie Sonnenwenden und Tagundnachtgleichen zu markieren. Zwar ist es nicht korrekt, Stonehenge als Observatorium im modernen Sinne zu bezeichnen, doch ist klar, dass es als Kult- und Beobachtungsort diente, an dem heidnische Rituale eng mit astronomischen Zyklen verknüpft waren.

Der äußere Kreis von Stonehenge, bestehend aus 28 Steinen, könnte den etwa 28 Tage dauernden Mondzyklus darstellen. Diese Anordnung ist nicht nur in Stonehenge zu finden; ähnliche Monumente finden sich in ganz Europa, wie zum Beispiel der Almendros Cromlech bei Évora in Portugal. Diese archäologische Stätte aus der Jungsteinzeit besteht aus 92 Menhiren, die in Kreisen und Ausrichtungen angeordnet sind und ein tiefes Verständnis himmlischer Phänomene widerspiegeln.

DIE GESCHICHTE DER ASTRONOMIE

Mandel-Cromlech.

Mandel-Cromlech.

Astronomie und Kultur in prähistorischen Gesellschaften

Neben Megalithdenkmälern ist prähistorische Astronomie auch in Artefakten und kulturellen Praktiken präsent. Masken und Objekte, die mit Sonnen- und Mondsymbolen verziert waren, wurden in verschiedenen Regionen der Welt gefunden. Dies deutet darauf hin, dass Sternenverehrung in antiken Gesellschaften weit verbreitet war. Diese Artefakte legen nahe, dass Himmelsphänomene als göttliche Erscheinungen angesehen wurden, die sowohl die Natur als auch das menschliche Schicksal beeinflussten.

Mondgeistmaske im Stil des pazifischen Nordwestens, handgeschnitzt, handbemalt, Schamanenreproduktion „Mondfinsternis"

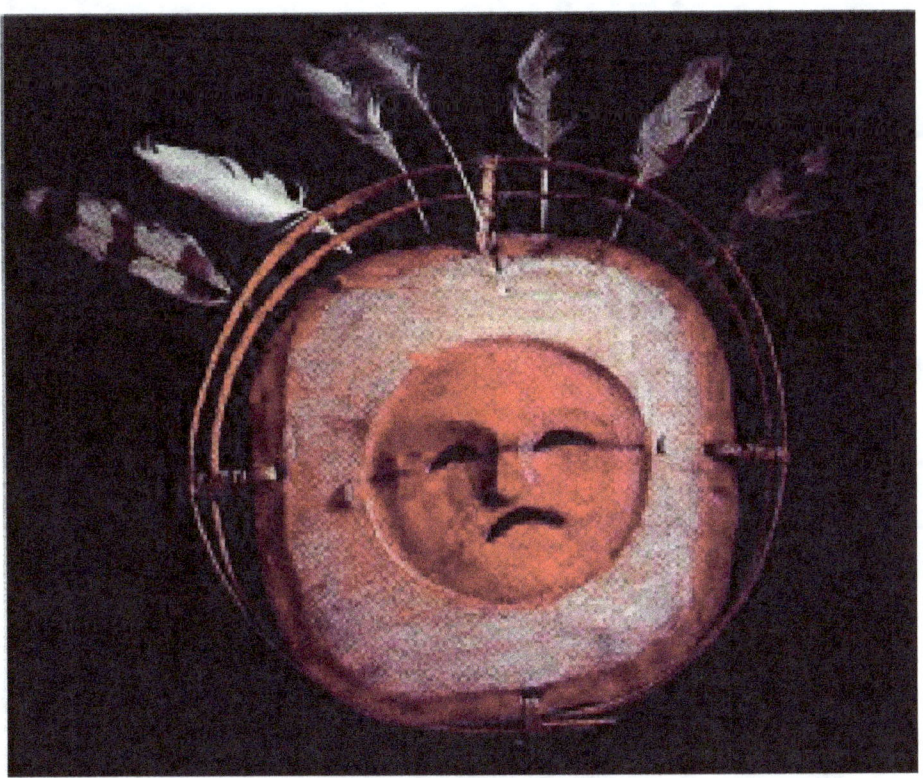

Bilder: Inuit Moon Spirit

Der Mondgeist der Inuit ist eine sehr wichtige symbolische Darstellung in der Kosmologie dieses arktischen Volkes. Inuit-Masken wie diese werden häufig in Ritualen, Tänzen und spirituellen Zeremonien verwendet und stehen oft im Zusammenhang mit der Jagd, der Natur und den himmlischen Zyklen.

Bedeutung der Elemente in der spirituellen Maske des Mondes

1. **Rand um die Maske → Stellt Luft dar**
   - Luft ist für das Überleben in der Arktis unerlässlich und steht in Verbindung mit dem Atem des Lebens und den unsichtbaren Geistern, die die Welt durchdringen.

2. **Ringe → Sie repräsentieren die Ebenen des Kosmos.**

- Die Inuit glauben an eine kosmische Vision, die in verschiedene Schichten oder Ebenen unterteilt ist und die Welt der Menschen, Geister und Götter verbindet.

3. **Federn → Sie repräsentieren die Sterne**
    - In der Arktis, wo die Nacht monatelang andauern kann, spielen Sterne eine Schlüsselrolle bei der Orientierung und der Kalenderführung der Inuit. Darüber hinaus assoziieren viele indigene Kulturen Nordamerikas Federn mit Geistern und der Kommunikation mit dem Jenseits.

Der Mond in der Inuit-Kultur: Der Mond ist von großer Bedeutung, da er während der langen Monate des Polarwinters die Hauptlichtquelle darstellt. Dieses Volk hat mehrere Legenden, die mit dem Mond verbunden sind, viele davon beziehen sich auf Malina und Anningan, die in der Inuit-Mythologie Sonne und Mond darstellen. Einer Version des Mythos zufolge jagt Anningan (der männliche Mond) ständig Malina (die weibliche Sonne), was die Mondzyklen erklärt.

Rituelle Funktion: Diese Masken wurden bei Festen, schamanischen Ritualen und Dankzeremonien an die Geister erlegter Tiere verwendet. Der Schamane, der zwischen der spirituellen und der physischen Welt vermittelte, konnte sie nutzen, um kosmische Kräfte anzurufen, Führung zu suchen oder den Jagderfolg sicherzustellen. Diese Art von Artefakt verdeutlicht, wie die arktischen Völker eine tiefe Verbindung zur Natur und den Sternen entwickelten und ihren Glauben und ihre Praktiken auf himmlische Phänomene basierten.

DIE GESCHICHTE DER ASTRONOMIE

Braune Sonnenscheibe des pazifischen Nordweststammes

Ein weiterer wichtiger Aspekt war, dass landwirtschaftliche Gemeinschaften auf astronomisches Wissen angewiesen waren, um die besten Aussaat- und Erntezeiten zu bestimmen. Der Aufstieg früher Zivilisationen wie der Sumerer, Ägypter und Chinesen markierte den Übergang von einer praktischen und rituellen Astronomie zu einem systematischeren und dokumentierten Ansatz. Die Wurzeln dieses Wissens reichen jedoch zurück bis in die Beobachtungen und Praktiken prähistorischer Gesellschaften.

Prähistorische Astronomie war keine Wissenschaft im modernen Sinne, sondern vielmehr eine Wissensform, die in Alltag, Spiritualität und soziale Organisation integriert war. Megalithdenkmäler, symbolische Artefakte und kulturelle Praktiken belegen, dass die frühen Menschen über ein ausgeprägtes Verständnis der Himmelszyklen verfügten. Dieses Erbe, das mit Beobachtungen am Lagerfeuer begann, entwickelte sich über Jahrtausende und gipfelte in den komplexen Theorien und Technologien, die die heutige Astronomie prägen.

KAPITEL 2: KONSTELLATIONEN

Seit Anbeginn der Menschheit fasziniert und erforscht der Nachthimmel. Das dem Menschen innewohnende Bedürfnis, Informationen zu ordnen und zu katalogisieren, manifestierte sich auch in der Sternenbeobachtung. So wie wir Karten erstellen, um uns auf der Erde zu orientieren, entwickelten wir Himmelskarten, um uns am Himmel zurechtzufinden. Auf diesen Karten dienen Sternbilder als Referenz und gruppieren Sterne in erkennbaren Mustern, die die Mythen, Glaubensvorstellungen und das Wissen der Kulturen widerspiegeln, die sie geschaffen haben.

Der Ursprung der Sternbilder

Sternbilder sind imaginäre Muster aus Sternen, die am Himmel nahe beieinander erscheinen, sich in Wirklichkeit aber in sehr unterschiedlichen Entfernungen von der Erde befinden können. Diese Konstellationen wurden im Laufe der Geschichte von verschiedenen Zivilisationen geschaffen und dienten als Orientierungshilfe, für landwirtschaftliche Kalender und mythologische Erzählungen. Ursprünglich waren Sternbilder mit dem Glauben verbunden, dass Himmelskörper das menschliche Schicksal beeinflussen – eine Vorstellung, die sich trotz fehlender wissenschaftlicher Grundlage bis heute in Form der Astrologie hält.

Für moderne Astronomen haben Sternbilder keine physikalische Bedeutung, dienen aber als Gedächtnisstütze und Orientierungshilfe. Sie helfen bei der Lokalisierung von Himmelsobjekten und vermitteln intuitiv ihre Position am Himmel. Jedes Sternbild nimmt einen Bereich ein, der durch astronomische Koordinaten wie Rektaszension und Deklination begrenzt ist, die seinen Bereich am Firmament definieren.

Kulturelle Vielfalt in den Konstellationen

Obwohl sich dieses Kapitel auf westliche Sternbilder konzentriert, ist es wichtig zu beachten, dass verschiedene Kulturen ihre eigenen Sterngruppierungssysteme entwickelt haben. Zum Beispiel:

Das alte China Astronomie und Sternbilder – Die Astronomie im alten China war eng mit Kultur, Philosophie und Mythologie verwoben. Chinesische Astronomen entwickelten ein einzigartiges System zur Kartierung des Himmels, das ihren Glauben und praktischen Bedürfnissen entsprach, wie beispielsweise der Zeitmessung und der Vorhersage jahreszeitlicher Ereignisse.

1. Die 28 „Mondhäuser" (Xiu): Die 28 Mondhäuser waren Himmelseinteilungen entlang der Ekliptik (der scheinbaren Bahn von Sonne, Mond und Planeten). Jedes „Haus" entsprach einer bestimmten Himmelsregion und war mit der Bewegung des Mondes verbunden, der für eine Umrundung der Erde etwa 27,3 Tage benötigt. Diese Einteilungen dienten der Zeitbestimmung, der Vorhersage der Jahreszeiten und der Orientierung religiöser Rituale. Jedes Mondhaus hatte eine symbolische Bedeutung, die oft mit chinesischen Mythen und Legenden verknüpft war.

2. Die 122 chinesischen Sternbilder: Im Gegensatz zum westlichen System mit 88 Sternbildern kannten die Chinesen 122 Sternbilder, von denen viele kleiner und zahlreicher waren. Chinesische Sternbilder spiegelten oft lokale Mythen, Philosophien wie Taoismus und Konfuzianismus sowie Elemente der Natur wider. Beispielsweise waren die Sternbilder des Drachen (für Macht und Weisheit) und des Phönix (ein Symbol der Erneuerung) von Bedeutung. Die chinesische Astronomie umfasste auch Beobachtungen von Himmelsphänomenen wie Kometen, Supernovas und Finsternissen, die als Omen galten.

DIE GESCHICHTE DER ASTRONOMIE

Sternbild Drache

3. Kultureller Einfluss: Die chinesische Astronomie wurde für praktische Zwecke genutzt, beispielsweise zur Erstellung landwirtschaftlicher Kalender, aber auch für Wahrsagereizwecke, da man glaubte, dass Himmelsereignisse das Leben auf der Erde beeinflussten.

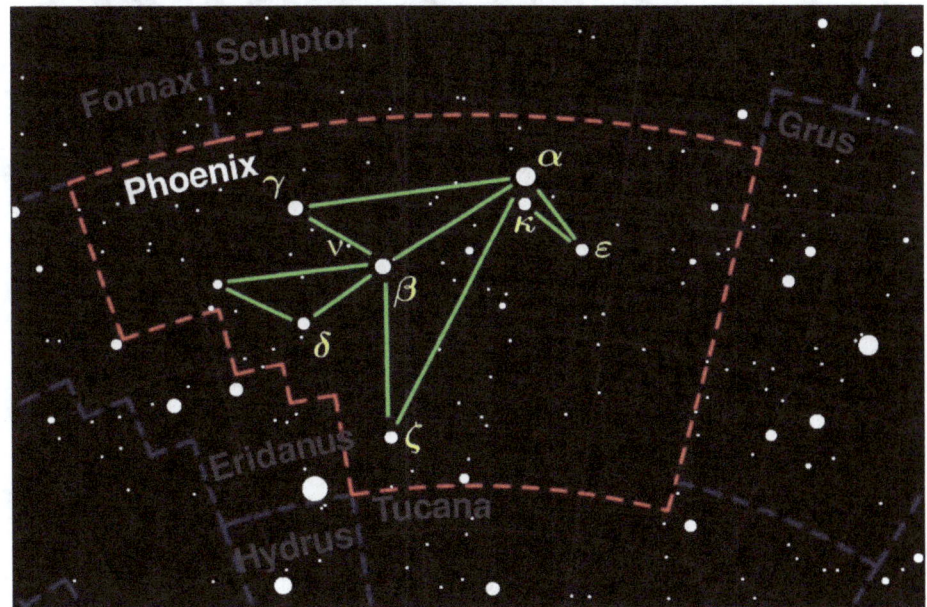

Sternbild Phönix

Andenvölker: Sternbilder und Kosmologie – Die indigenen Völker der Anden, wie die Inkas und ihre Vorgängerzivilisationen, hatten eine einzigartige Vision des Himmels, die Astronomie, Religion und Alltagsleben vereinte.

1. Andenkonstellationen: Die Andenvölker erkannten Sternbilder, die oft Tiere, Pflanzen und Naturelemente repräsentierten. Beispielsweise war das Sternbild des Lamas (oder „Yacana") eines der wichtigsten und wurde mit Schutz und Fruchtbarkeit in Verbindung gebracht. Neben Sternbildern kannten die Andenbewohner auch „dunkle Sternbilder", die durch dunkle Flecken in der Milchstraße gebildet wurden. Diese Bereiche wurden als mythologische Figuren angesehen, wie zum Beispiel der Frosch oder die Schlange.

Sternbild des Lamas oder Yacana

2. Kosmologie und Religion: Die andine Astronomie war eng mit der Religion verbunden. Sonne (Inti) und Mond (Mama Quilla) waren zentrale Götter in der Inka-Kosmologie. Himmelsbewegungen wurden als göttliche Botschaften interpretiert. Tempel und Observatorien wie Coricancha in Cusco waren auf astronomische Ereignisse wie Sonnenwenden

DIE GESCHICHTE DER ASTRONOMIE

und Tagundnachtgleichen ausgerichtet.

3. Praktischer Nutzen: Die Himmelsbeobachtung war für die Landwirtschaft unerlässlich, da sie zur Bestimmung von Saat- und Erntezeiten beitrug. Sie diente auch der geografischen Orientierung und der Planung religiöser Zeremonien.

Polynesische Seefahrer: Navigation nach Sternen – Die Polynesier sind für ihre Navigationsfähigkeiten berühmt, die es ihnen ermöglichten, weite Gebiete des Pazifischen Ozeans von Hawaii bis Neuseeland ohne den Einsatz moderner Instrumente zu besiedeln.

1. Navigationstechniken: Polynesische Seefahrer orientierten sich an Sternenbeobachtung, Meeresströmungen, Wellenmustern und Vogelflug. Sie prägen sich die Position und Bewegung von Sternen und Sternbildern ein, die ihnen als Himmelskarten dienten. Beispielsweise war das Sternbild Orion (auf Hawaii „Hoku-le'a" genannt) eine wichtige Referenz.

Das Sternbild Orion, auf Hawaii „Hoku-le'a" genannt

2. Polynesische Sternbilder: Neben Orion dienten auch andere

Sternbilder, wie das Kreuz des Südens, der Navigation. Jede Insel oder Inselgruppe hatte ihre eigene Interpretation der Sternbilder, oft verbunden mit lokalen Mythen. Die Milchstraße galt als „Straße" oder himmlischer Fluss, der den Seefahrern den Weg wies.

3. Mündlich überliefertes Wissen: Astronomie- und Navigationswissen wurde mündlich von Generation zu Generation weitergegeben, durch Lieder, Geschichten und Bräuche. Meisternavigatoren (die sogenannten „Wegfinder") genossen hohes Ansehen.

4. Kulturelle Bedeutung: Die Navigation anhand der Sterne war nicht nur eine praktische Fähigkeit, sondern auch ein zentraler Teil der polynesischen kulturellen Identität und spiegelte ihre Verbindung zum Meer und zum Himmel wider.

Diese drei Beispiele zeigen, wie verschiedene Kulturen einzigartige astronomische Systeme entwickelten, die ihre jeweiligen Überzeugungen, Bedürfnisse und Lebensumstände widerspiegelten. Jede dieser Traditionen hat zum menschlichen Verständnis des Himmels und unseres Platzes im Universum beigetragen.

Diese kulturellen Unterschiede zeigen, dass der Himmel auf unterschiedliche Weise interpretiert wurde und die Werte und Bedürfnisse der jeweiligen Gesellschaft widerspiegelte.

Die Systematisierung der westlichen Konstellationen

Die moderne Version der westlichen Sternbilder hat ihre Wurzeln im antiken Griechenland, genauer gesagt im Werk des Astronomen Claudius Ptolemäus (2. Jahrhundert n. Chr.). In seinem Werk Almagest stellte Ptolemäus einen Katalog von 48 Sternbildern zusammen, von denen viele noch heute bekannt sind, wie Orion, Stier und Pegasus. Diese Gruppierungen stammen aus früheren Traditionen, unter anderem der Babylonier und Ägypter.

Auch Sternnamen haben unterschiedliche Ursprünge. Während viele, wie „Aldebaran" und „Beteigeuze", arabischen Ursprungs sind, spiegeln andere griechische, lateinische und sogar moderne Einflüsse wider. So erhielten Sterne der südlichen Hemisphäre, wie „Acrux" (der hellste Stern im Sternbild Kreuz des Südens), ihre Namen in der frühen Neuzeit, als europäische Entdecker den Südhimmel kartierten.

Versuche, Konstellationen neu zu definieren

Im Laufe der Geschichte gab es immer wieder Versuche, Sternbilder umzugestalten, um neuen kulturellen oder religiösen Kontexten Rechnung zu tragen. Ein bemerkenswertes Beispiel ist das Werk von Julius Schiller, der 1627 Coelum Stellatum Christianum veröffentlichte. Darin schlug Schiller vor, die mythologischen Figuren der Sternbilder durch christliche Symbole wie Heilige und Apostel zu ersetzen. Trotz seiner Kreativität fand dieser Vorschlag keine breite Akzeptanz.

Die Darstellung von Konstellationen in der Kultur

Die Sternbilder wurden im Laufe der Jahrhunderte in verschiedenen Medien dargestellt. Ein wichtiger Meilenstein war die Veröffentlichung von Gaius Julius Hyginus' Poeticon Astronomicon im Jahr 1482. Es war das erste Buch mit gedruckten Darstellungen der Sternbilder und verankerte ihre Ikonographie in der westlichen Kultur. Seitdem wurden zahlreiche Werke der Beschreibung und Illustration dieser Sternhaufen gewidmet.

Sternbilder in der modernen Astronomie

Für heutige Astronomen sind Sternbilder mehr als nur imaginäre Figuren; sie sind Himmelsregionen mit präzisen Grenzen, die 1922 von der Internationalen Astronomischen Union (IAU) definiert wurden. Heute ist der Himmel in 88 offizielle Sternbilder unterteilt, die das gesamte Himmelsgewölbe abdecken. Diese Standardisierung erleichtert die Lokalisierung astronomischer Objekte und die Kommunikation zwischen Wissenschaftlern.

Technische Definition moderner Konstellationen

Grenzen und Koordinaten: Moderne Sternbilder werden als rechteckige Bereiche am Himmel definiert, deren Grenzen auf Himmelskoordinaten (Rektaszension und Deklination) basieren. Dies ermöglicht die präzise Ortung astronomischer Objekte. Die Grenzen wurden 1930 von Eugène Delporte unter Aufsicht der IAU festgelegt und basieren auf dem äquatorialen Koordinatensystem.

Ziele der Standardisierung: Erleichterung der wissenschaftlichen Kommunikation, indem Astronomen aus verschiedenen Ländern und Kulturen die gleichen Himmelsregionen verwenden können. Dient als Referenzsystem für die Lokalisierung von Sternen, Galaxien, Nebeln und anderen Himmelsobjekten.

Die Bedeutung von Sternbildern in der modernen Astronomie

Navigation und Orientierung: Obwohl die moderne Navigation auf Technologien wie GPS basiert, sind Sternbilder auch weiterhin für Bildungszwecke und in Notsituationen nützlich. In der beobachtenden Astronomie helfen Sternbilder Amateur- und Profiastronomen, Objekte am Himmel zu lokalisieren.

Wissenschaftliche Forschung: Sternbilder dienen als Koordinatensystem zur Kartierung des Himmels und zur Untersuchung der Verteilung von Sternen, Galaxien und anderen Phänomenen. Sie werden in Großprojekten wie dem Sloan Digital Sky Survey (SDSS) verwendet, der Millionen von Himmelsobjekten kartiert.

Bildung und wissenschaftliche Vermittlung: Sternbilder sind ein wichtiges pädagogisches Instrument zur Vermittlung grundlegender astronomischer Konzepte, wie der scheinbaren

Bewegung von Sternen und der Himmelskugel. Sie tragen auch zur Popularisierung der Astronomie bei, indem sie das Interesse am Nachthimmel wecken.

Kritik und Einschränkungen des modernen Systems

Kulturelle Trennung: Das 88-Sterne-System der IAU basiert primär auf westlicher Tradition und ignoriert Beiträge anderer Kulturen, wie beispielsweise der chinesischen, andinen und polynesischen Sternbilder. Dies spiegelt eine eurozentrische Sichtweise der Astronomie wider, die für die Vernachlässigung kultureller Vielfalt kritisiert werden kann.

Abnehmender praktischer Nutzen: Mit dem Fortschritt der Technologie, beispielsweise bei automatisierten Teleskopen und Software zur Himmelskartierung, hat die praktische Bedeutung von Sternbildern für professionelle Astronomen abgenommen. Für Amateurastronomen und zu Bildungszwecken bleiben sie jedoch weiterhin relevant.

Zukunftsaussichten
Integration traditionellen Wissens: Es gibt eine wachsende Bewegung, die astronomischen Systeme anderer Kulturen, wie beispielsweise die Sternbilder indigener Völker, in wissenschaftliche Bildungs- und Öffentlichkeitsarbeit zu integrieren. Projekte wie „Indigenous Astronomy" versuchen, dieses Wissen zu bewahren und wertzuschätzen.

Neue Technologien: Tools wie Augmented Reality und Astronomie-Apps wecken das Interesse an Sternbildern neu und ermöglichen es Menschen, den Himmel interaktiv zu erkunden. Diese Technologien können auch dazu beitragen, das moderne Sternbildsystem mit vielfältigen kulturellen Interpretationen zu verbinden.

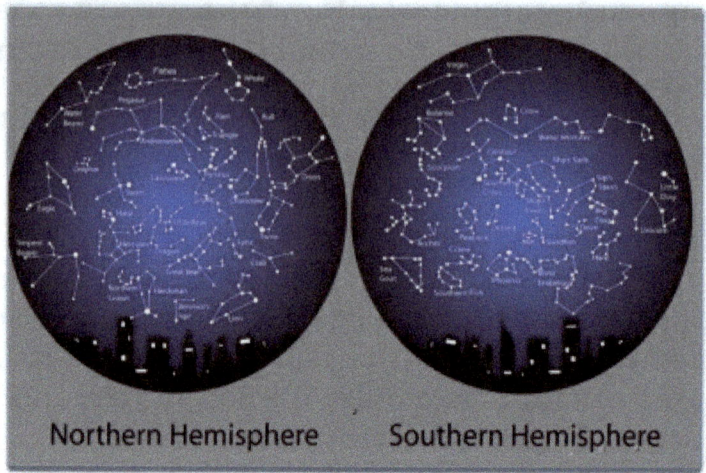

Himmelskarte

In der Antike wurden den Verbindungslinien sogar dreidimensionale Formen zugeordnet.

Sternbilder zeugen von menschlicher Kreativität und Neugier. Von ihren Ursprüngen als Orientierungshilfen und mythologische Erzählungen bis hin zu ihrer Systematisierung als wissenschaftliche Referenz spiegeln sie die Entwicklung unseres Verständnisses des Kosmos wider. Obwohl wir heute wissen, dass die Sterne in einem Sternbild nicht physisch miteinander verbunden sind, inspirieren und leiten diese Muster weiterhin unsere Erforschung des Universums.

KAPITEL 3: ASTRONOMIE IN DER ANTIKE

Die antike Astronomie war geprägt von der unermüdlichen Suche nach dem Verständnis der Himmelsbewegungen und ihrer Beziehung zum Leben auf der Erde. Von den frühesten Zivilisationen des Nahen Ostens bis zu den griechischen Philosophen entwickelte sich die Erforschung des Kosmos von praktischen Beobachtungen zu komplexen theoretischen Modellen, die den Grundstein für die moderne Wissenschaft legten. Dieses Kapitel untersucht die Beiträge der babylonischen, ägyptischen und griechischen Zivilisationen und zeigt, wie ihre Entdeckungen das astronomische Denken prägten.

Astronomie in Mesopotamien: Die Babylonier

Die babylonische Zivilisation in Mesopotamien (dem heutigen Irak) war eine der ersten, die ein organisiertes System zur Beobachtung und Aufzeichnung von Himmelsphänomenen entwickelte. Während der altbabylonischen Zeit (ca. 1830–1531 v. Chr.) begannen die Babylonier unter der Dynastie Hammurabis, die Bewegungen von Sonne, Mond und Planeten akribisch zu dokumentieren. Diese auf Tontafeln eingravierten Aufzeichnungen zeugen von fortgeschrittenen Kenntnissen in Mathematik und Astronomie, die die Entwicklung der Wissenschaften anderer Kulturen, darunter der Griechen und Ägypter, nachhaltig beeinflussten.

Das Sexagesimalzahlensystem

Eines der nachhaltigsten Vermächtnisse der Babylonier war die Entwicklung des Sexagesimalsystems (Basis 60). Dieses System, das heute ungewöhnlich erscheinen mag, war für astronomische und mathematische Berechnungen äußerst effektiv. Die Einteilung der Stunde in 60 Minuten und der

Minute in 60 Sekunden sowie die Einteilung des Kreises in 360 Grad sind direkte Erbschaften des babylonischen Systems. Die Wahl der Zahl 60 als Basis beruht auf ihrer hohen Teilbarkeit, die komplexe Berechnungen, insbesondere bei der Zeit- und Winkelmessung, erleichterte.

Die Babylonier waren auch Pioniere bei der Verwendung eines Symbols zur Darstellung der Null, einer entscheidenden Neuerung in Mathematik und Astronomie. Dieser Fortschritt ermöglichte komplexere Rechenoperationen, wie das Lösen von Gleichungen und die präzisere Berechnung von Planetenpositionen.

Der Mondkalender und der Metonische Zyklus

Die Babylonier entwickelten einen Mondkalender, der auf den Mondphasen basierte und das Jahr in zwölf Monate mit jeweils etwa 28 Tagen unterteilte. Da das Mondjahr (354 Tage) jedoch kürzer ist als das Sonnenjahr (365 Tage), standen die Babylonier vor der Herausforderung, die beiden Zyklen zu synchronisieren. Um dieses Problem zu lösen, führten sie alle 19 Jahre einen zusätzlichen Monat ein, den sogenannten Metonischen Zyklus. Dieses System stellte sicher, dass der Mondkalender mit den Jahreszeiten übereinstimmte, die für Landwirtschaft und religiöse Aktivitäten von wesentlicher Bedeutung waren.
Der Metonische Zyklus war eine bemerkenswerte Errungenschaft der babylonischen Astronomie und beeinflusste die Kalenderentwicklung anderer Kulturen, darunter der Griechen und Juden. Die Präzision dieses Systems zeugt von der hohen mathematischen und beobachtungstechnischen Kompetenz der Babylonier.

Teil einer babylonischen Tafel aus Sippar, hergestellt 870 v. Chr., heute im Britischen Museum. Ein daneben liegender Text erinnert an die Restaurierung eines antiken Bildes des Sonnengottes Schamasch.

Vorhersage von Finsternissen und Planetenbewegungen

Die Babylonier waren die ersten, die systematische Techniken zur Vorhersage von Mond- und Sonnenfinsternissen entwickelten. Sie beobachteten, dass Finsternisse in regelmäßigen Zyklen, den sogenannten Saros, auftreten und etwa 18 Jahre und elf Tage dauern. Durch die akribische Aufzeichnung von Finsternissen über Jahrhunderte hinweg konnten babylonische Astronomen diese Ereignisse mit für ihre Zeit beeindruckender Genauigkeit vorhersagen.

Neben Finsternissen untersuchten die Babylonier auch die Bewegungen der Planeten. Sie erkannten Muster in den scheinbaren Bewegungen von Planeten wie Venus, Mars und Jupiter und entwickelten mathematische Tabellen, um ihre Positionen am Himmel vorherzusagen. Diese Tabellen, bekannt als Ephemeriden, wurden für astronomische und astrologische Zwecke verwendet und spiegeln die enge Verbindung zwischen Wissenschaft und Religion in der babylonischen Kultur wider.

Metonischer Zyklus

Astronomie und Astrologie

In Babylon waren Astronomie und Astrologie eng miteinander verknüpft. Babylonische Astronomen glaubten, dass Himmelsphänomene einen direkten Einfluss auf irdische Ereignisse hatten, darunter das Schicksal einzelner Menschen und den Erfolg von Ernten. Sie entwickelten ein komplexes System himmlischer Omen, das in Texten wie dem Enuma Anu Enlil festgehalten ist, das mehr als 7.000 Interpretationen astronomischer Ereignisse wie Finsternisse, Kometen und Planetenkonjunktionen katalogisiert.

Obwohl diese astrologische Sichtweise heute abergläubisch erscheinen mag, spiegelte sie den Versuch wider, die Natur durch systematische Beobachtung zu verstehen und vorherzusagen. Die babylonische Astrologie beeinflusste die astrologischen Praktiken anderer Kulturen, darunter der griechischen, römischen und arabischen, nachhaltig.

Die babylonische Astronomie zählte zu den fortschrittlichsten der Antike. Sie vereinte akribische Beobachtung, anspruchsvolle Mathematik und eine ganzheitliche Sicht des Kosmos, die Wissenschaft und Religion vereinte. Ihr Erbe, vom Sexagesimalsystem über den Metonischen Zyklus bis hin zu Techniken zur Vorhersage von Sonnenfinsternissen, beeinflusst bis heute unser Verständnis von Zeit, Raum und Himmelsbewegungen. Die Babylonier zeigten, dass systematische Beobachtung und genaue Aufzeichnungen zu wichtigen wissenschaftlichen Entdeckungen führen können – ein Prinzip, das auch für die moderne Astronomie von grundlegender Bedeutung ist.

Astronomie im alten Ägypten

Im alten Ägypten war die Astronomie eine Wissenschaft, die tief in Religion, Architektur und Gesellschaft verwurzelt war. Die Ägypter entwickelten ein hochentwickeltes astronomisches Wissen, das nicht nur ihre landwirtschaftlichen und religiösen Praktiken prägte, sondern auch den Bau beeindruckender Monumente wie Pyramiden und Tempel beeinflusste. Ihre Himmelsbeobachtungen waren akribisch und spiegelten ein für ihre Zeit weit fortgeschrittenes Verständnis der Himmelszyklen wider.

Die ägyptische Göttin Nut (das Firmament) wird vom Gott Shu gehalten und von ihrem Geliebten (der Erde) getrennt.

Himmelsbeobachtungen und Landwirtschaft

Die ägyptische Astronomie war eng mit der Landwirtschaft verbunden, der Grundlage der altägyptischen Wirtschaft. Der Jahreszyklus des Nils mit seinen Ebbe und Flut war entscheidend für die Fruchtbarkeit des Landes und den Erfolg der Ernte. Die Ägypter beobachteten den Himmel, um den Beginn der jährlichen Flut vorherzusagen. Diese fiel mit dem heliakischen Erscheinen des Sterns Sirius (für die Ägypter Sothis) am östlichen Horizont kurz vor Sonnenaufgang zusammen. Dieses Ereignis markierte den Beginn des ägyptischen Neujahrs und wurde als Zeit der Erneuerung und des Wohlstands gefeiert.

Diese Verbindung zwischen Himmel und Erde führte die Ägypter zur Entwicklung eines der frühesten Sonnenkalender der Geschichte. Er bestand aus zwölf Monaten mit jeweils 30 Tagen, insgesamt also 360 Tagen, plus fünf zusätzlichen Tagen (Epagomenalen) am Jahresende. Diese zusätzlichen Tage waren religiösen Feiern zu Ehren der Götter gewidmet. Der ägyptische Sonnenkalender war ein wichtiger Meilenstein in der Geschichte der Zeitmessung und beeinflusste später den Julianischen und später den Gregorianischen Kalender, den wir heute verwenden.

DIE GESCHICHTE DER ASTRONOMIE

Die Ausrichtung der Pyramiden wurde vom Pharao mit
Hilfe der Hohepriesterin durchgeführt.

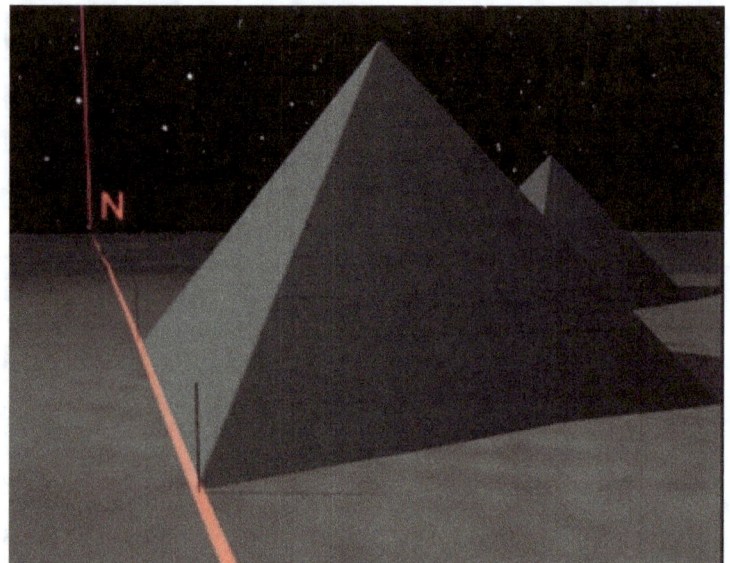

Beim Bau der Pyramide wurden zuerst die Ost- und Westseiten ausgerichtet und dann die Süd- und Nordseiten senkrecht dazu.

Der Nordstern und die Ausrichtung der Pyramiden

Auch die Ägypter verfügten über ein weitreichendes Wissen über die Himmelssphäre. Sie identifizierten den Stern Thuban im Sternbild Drache als den damaligen Nordstern. Aufgrund der Präzession der Tagundnachtgleichen verschiebt sich die Rotationsachse der Erde im Laufe der Jahrhunderte langsam, sodass verschiedene Sterne zu unterschiedlichen Zeiten die Position des Nordsterns einnehmen. Thuban war um 3000 v. Chr. der Nordstern, und die Ägypter nutzten ihn als Orientierung für die Ausrichtung ihrer Gebäude.

Die präzise Ausrichtung der Pyramiden nach den Himmelsrichtungen ist eines der eindrucksvollsten Beispiele ägyptischen astronomischen Wissens. Die Große Pyramide von Gizeh, erbaut während der Herrschaft Cheops, ist mit bemerkenswerter Präzision nach Norden ausgerichtet. Die ägyptischen Erbauer nutzten Methoden der astronomischen Beobachtung, um die Nordrichtung zu bestimmen. Eine mögliche Technik war die Verwendung eines Merkhet, eines sonnenuhrähnlichen Instruments, um die Bewegung zirkumpolarer Sterne wie Thuban im Laufe der Nacht zu beobachten. Die Ausrichtung der Pyramiden spiegelt nicht nur die technische Meisterschaft der Ägypter wider, sondern auch ihren Glauben an die Verbindung zwischen der irdischen und der himmlischen Welt.

Astronomie und Religion

Die Astronomie im alten Ägypten war eng mit der Religion verwoben. Ägyptische Götter wurden oft mit Himmelskörpern und astronomischen Phänomenen in Verbindung gebracht. So wurde beispielsweise Ra, der Sonnengott, als Sonnenscheibe dargestellt, die tagsüber über den Himmel und nachts durch die Unterwelt wanderte. Der Mond wurde mit Thot, dem Gott der Weisheit und der Schrift, in Verbindung gebracht, während Sirius mit der Göttin Isis, einem Symbol der Fruchtbarkeit und Wiedergeburt, verknüpft war.

Ägyptische Tempel wurden mit spezifischen astronomischen Ausrichtungen errichtet, oft ausgerichtet auf den Sonnenaufgang oder Sonnenuntergang an wichtigen Tagen wie Sonnenwenden und Tagundnachtgleichen. Der Tempel von Karnak beispielsweise wurde so konzipiert, dass die Sonne während der Wintersonnenwende das innere Heiligtum erhellte und so die Verbindung zwischen dem Pharao, der als Gott auf Erden galt, und dem Sonnengott verstärkte.

Beiträge zur späteren Astronomie

Das astronomische Erbe des alten Ägypten beeinflusste andere Zivilisationen, darunter auch die Griechen. Herodot, der hellenistische Historiker, berichtete, dass die Hellenen viel über Astronomie von den Ägyptern lernten. Das ägyptische Wissen über die Bewegung von Himmelskörpern und die Zeitmessung war grundlegend für die Entwicklung der Astronomie im antiken Griechenland und später in der westlichen Welt.

Die Astronomie im alten Ägypten war eine einzigartige Kombination aus praktischer Beobachtung, mathematischer Präzision und religiöser Symbolik. Die Ägypter beherrschten nicht nur die Kunst der Vorhersage von Himmelsereignissen, sondern integrierten dieses Wissen auch in ihre Architektur, Landwirtschaft und religiösen Praktiken. Ihr Sonnenkalender, die präzise Ausrichtung der Pyramiden und die Verbindung zwischen Göttern und Himmelskörpern zeugen von einer Zivilisation, die den Himmel als Erweiterung ihrer irdischen Welt betrachtete. Dieses Erbe inspiriert und prägt unser Verständnis des Kosmos bis heute.

Astronomie im antiken Griechenland

Das antike Griechenland gilt oft als Geburtsort der westlichen Astronomie, da dort die systematische Erforschung himmlischer Phänomene begann und Beobachtung, Mathematik und Philosophie kombinierte. Die alten Griechen übernahmen nicht nur das Wissen früherer Zivilisationen wie der Babylonier und Ägypter, sondern machten auch einen wichtigen Schritt vorwärts bei der Suche nach rationalen und wissenschaftlichen Erklärungen für die Bewegungen der Himmelskörper. Dieser Ansatz markierte den Übergang von einer mythologischen Sicht des Kosmos zu einem Verständnis, das auf theoretischen und mathematischen Modellen basierte.

Die ersten Philosophen und die Suche nach natürlichen Erklärungen

Die frühen griechischen Philosophen, bekannt als Vorsokratiker, waren Pioniere darin, die Natur des Universums zu hinterfragen und nach Erklärungen zu suchen, die nicht auf Mythen oder Gottheiten beruhten. Zu den bekanntesten unter ihnen zählten Thales von Milet, Anaximander und Pythagoras, deren Ideen den Grundstein für die Entwicklung der Astronomie als Wissenschaft legten.

Thales von Milet (625–547 v. Chr.): Thales gilt als erster

westlicher Philosoph und postulierte, dass Wasser das Grundelement des Universums sei. Obwohl seine Kosmologie einfach war, war er einer der Ersten, der nach natürlichen Erklärungen für Himmelsphänomene suchte, anstatt sie Gottheiten zuzuschreiben. Thales sagte außerdem 585 v. Chr. eine Sonnenfinsternis voraus – eine Leistung, die die praktische Anwendung astronomischen Wissens demonstrierte.

Anaximander (610–545 v. Chr.): Als Schüler von Thales vermutete Anaximander, dass die Erde zylindrisch sei und die Himmelskörper Löcher in feurigen Sphären seien, die sich um die Erde drehen. Im Gegensatz zu den vorherrschenden mythologischen Erklärungen führte er die Idee eines geordneten, unendlichen Universums ein, das von Naturgesetzen regiert wird.

Pythagoras (570–495 v. Chr.): Pythagoras und seine Anhänger glaubten, dass das Universum von mathematischen und harmonischen Beziehungen bestimmt wird. Sie waren die ersten, die die Kugelform der Erde aufstellten, basierend auf Beobachtungen wie der Kreisform des Erdschattens bei Mondfinsternissen. Die Idee einer runden Erde war ein entscheidender Meilenstein in der Entwicklung der Astronomie und Geographie.

Griechische kosmologische Modelle

Mit dem Fortschritt des astronomischen Wissens entwickelten griechische Philosophen immer ausgefeiltere kosmologische Modelle, um die Bewegungen der Planeten und den Aufbau des Universums zu erklären. Zu den einflussreichsten zählen die Systeme von Eudoxos, Aristoteles und Ptolemäus.

Eudoxos von Knidos (408–355 v. Chr.): Eudoxos schlug ein Modell konzentrischer Sphären vor, in dem jeder Planet von einer Reihe rotierender Sphären bewegt wurde. Dieses Modell versuchte, die scheinbar unregelmäßigen Bewegungen der Planeten, wie z. B. retrograde Bewegungen, durch die

Kombination gleichmäßiger Kreisbewegungen zu erklären. Obwohl Eudoxos' Modell genial war, konnte es nicht alle beobachteten Phänomene genau vorhersagen.

Aristoteles (384–322 v. Chr.): Aristoteles übernahm Eudoxos' Modell und erweiterte es. Er argumentierte, das Universum sei in zwei Bereiche unterteilt: die sublunare Welt, die Veränderungen und Unvollkommenheiten unterworfen sei, und die himmlische Welt, in der sich Himmelskörper auf perfekten Kreisbahnen bewegten. Er argumentierte, die Erde stehe bewegungslos im Zentrum des Universums – eine Ansicht, die das westliche Denken über tausend Jahre lang dominierte. Aristoteles' Kosmologie fand aufgrund ihrer philosophischen Kohärenz und des Prestiges ihres Autors breite Akzeptanz.

Ptolemäus (100–170 n. Chr.): In seinem Werk Almagest fasste Ptolemäus das griechische astronomische Wissen zusammen. Er schlug ein verfeinertes geozentrisches System mit Epizykeln und Deferenten vor, um die scheinbar unregelmäßigen Bewegungen der Planeten zu erklären. Das ptolemäische Modell konnte die Positionen der Planeten mit für seine Zeit bemerkenswerter Genauigkeit vorhersagen und war bis zur wissenschaftlichen Revolution des 16. Jahrhunderts weit verbreitet. Trotz seiner Komplexität stellte Ptolemäus' System den Höhepunkt der antiken griechischen Astronomie dar.

Der Einfluss von Philosophie und Mathematik

Die Astronomie im antiken Griechenland war stark von Philosophie und Mathematik beeinflusst. Philosophen wie Platon und Aristoteles glaubten, das Universum sei ein geordneter Kosmos, der von Naturgesetzen beherrscht werde, die durch Vernunft und Beobachtung verstanden werden könnten. Insbesondere Platon argumentierte, dass Himmelsbewegungen durch perfekte geometrische Formen wie Kreise und Kugeln erklärt werden sollten.

Auch in der Entwicklung der griechischen Astronomie spielte

die Mathematik eine entscheidende Rolle. Pythagoras und seine Anhänger glaubten, dass Zahlen und mathematische Beziehungen der Schlüssel zum Verständnis des Universums seien. Diese Idee wurde später von Astronomen wie Hipparchos weiterentwickelt, der einen Sternenkatalog erstellte und Methoden zur Vorhersage von Finsternissen auf der Grundlage mathematischer Berechnungen entwickelte.

Abschluss

Die Astronomie im antiken Griechenland markierte eine Revolution im menschlichen Denken und markierte den Übergang von einer mythologischen Sicht des Kosmos zu einem wissenschaftlichen Ansatz, der auf Beobachtung, Mathematik und Philosophie basierte. Die kosmologischen Modelle von Denkern wie Eudoxos, Aristoteles und Ptolemäus dominierten jahrhundertelang das westliche Denken und legten den Grundstein für die moderne Astronomie. Das Erbe der alten Griechen inspiriert und prägt bis heute unser Verständnis des Universums und demonstriert die Macht der Vernunft und der menschlichen Neugier im Streben nach Wissen.

Aristotelische Vision der Erde.

Die antike Astronomie war eine Reise der Entdeckungen und Innovationen, die die Himmelsbeobachtung zu einer systematischen Wissenschaft machte. Von babylonischen Aufzeichnungen bis zu griechischen Theorien trug jede Zivilisation zur Entwicklung von Werkzeugen und Konzepten bei, die bis heute grundlegend für die Astronomie sind. Diese Bemühungen erweiterten nicht nur unser Verständnis des Kosmos, sondern legten auch den Grundstein für die moderne Wissenschaft.

KAPITEL 4: ERATOSTENES VON KYRENE UND DIE ERSTE BESTIMMUNG DER DIMENSIONEN DER ERDE

Eratosthenes von Kyrene (276–194 v. Chr.) war einer der bedeutendsten Gelehrten der Antike und zeichnete sich als Mathematiker, Geograph, Astronom und Direktor der Bibliothek von Alexandria aus. Sein berühmtester Beitrag zur Wissenschaft war die erste genaue Messung des Erdumfangs – eine Leistung, die nicht nur die Kraft der Beobachtung und Mathematik demonstrierte, sondern auch den intellektuellen Mut, die Welt um uns herum zu hinterfragen und zu vermessen.

Eratosthenes

Eratosthenes lebte während der hellenistischen Epoche, einer Zeit intensiven kulturellen und wissenschaftlichen Austauschs zwischen der griechischen, ägyptischen und mesopotamischen Zivilisation. Als Direktor der Bibliothek von Alexandria hatte er Zugang zu einem riesigen Wissensschatz, den er mit seiner Neugier und seinen mathematischen Fähigkeiten kombinierte, um bahnbrechende Entdeckungen zu machen.

Zu Eratosthenes' Zeiten war die Vorstellung, dass die Erde kugelförmig sei, dank Denkern wie Pythagoras und Aristoteles unter griechischen Philosophen bereits weit verbreitet. Allerdings hatte niemand versucht, die Größe des Planeten genau zu messen. Eratosthenes beschloss, sich dieser Herausforderung zu stellen und nutzte ausgeklügelte Methoden und sorgfältige Beobachtungen.

Eratosthenes' Bestimmung des Erdumfangs basierte auf einer einfachen, aber brillanten Beobachtung des Sonnenwinkels an zwei verschiedenen Orten am selben Tag. Das Experiment fand während der Sommersonnenwende statt, wenn die Sonne ihren höchsten Punkt am Himmel erreicht.

1. Beobachtung in Syena (Assuan): Eratosthenes wusste, dass in Syena (dem heutigen Assuan, Ägypten) zur Mittagszeit der Sommersonnenwende die Sonne direkt über uns stand, sodass vertikale Objekte keinen Schatten warfen. Das bedeutete, dass die Sonnenstrahlen an diesem Ort senkrecht auf die Erdoberfläche fielen.

2. Beobachtung in Alexandria: Am selben Tag und zur selben Zeit beobachtete Eratosthenes in Alexandria, dass vertikale Objekte einen Schatten werfen. Er maß den Winkel dieses Schattens zur Vertikalen und ermittelte einen Wert von etwa 7,2 Grad. Dieser Winkel entspricht dem Breitengradunterschied zwischen Syene und Alexandria.

Berechnung des Erdumfangs

Eratosthenes erkannte, dass der Winkel von 7,2 Grad einen Bruchteil des gesamten Erdumfangs darstellte. Da 7,2 Grad 1/50 eines Vollkreises (360 Grad) sind, folgerte er, dass die Entfernung zwischen Syene und Alexandria 1/50 des Erdumfangs entsprach.

DIE GESCHICHTE DER ASTRONOMIE

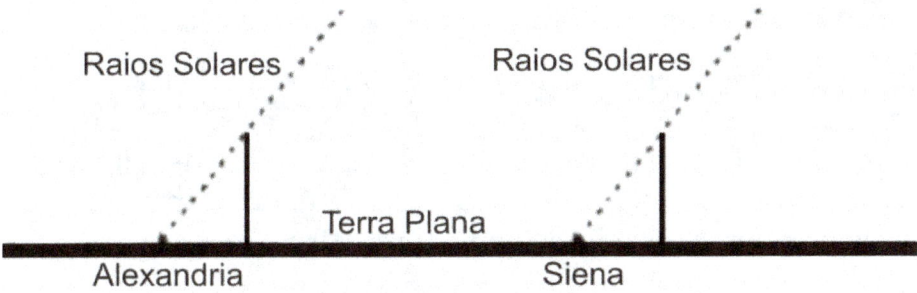

Wäre die Erde flach, wäre der Einfallswinkel der Sonnenstrahlen auf der gesamten Erdoberfläche gleich.

Entfernung zwischen Syena und Alexandria: Eratosthenes schätzte die Entfernung zwischen den beiden Städten auf etwa 5.000 Stadien. Stadien waren damals eine Maßeinheit, und ihr genauer Wert variierte zwischen 157 und 185 Metern. Bei einem Durchschnitt von 160 Metern pro Stadien ergäbe sich eine Entfernung von etwa 800 Kilometern.

Abschließende Berechnung: Durch Multiplikation der Entfernung zwischen den Städten mit 50 kam Eratosthenes auf einen geschätzten Erdumfang von etwa 40.000 Kilometern. Dieser Wert liegt bemerkenswert nahe an der aktuellen Messung, die am Äquator bei etwa 40.075 Kilometern liegt.

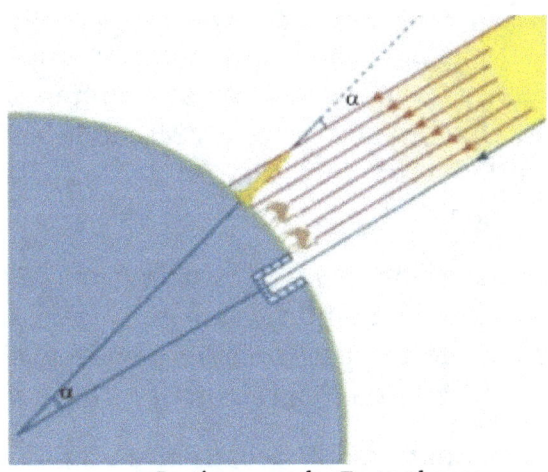

Bestimmung des Eratosthenes.

Die Messung des Eratosthenes markierte aus mehreren Gründen

einen Meilenstein in der Geschichte der Wissenschaft:

1. Bemerkenswerte Genauigkeit: Angesichts der damals verfügbaren Werkzeuge und Kenntnisse war die Genauigkeit seiner Berechnungen beeindruckend. Seine Methode zeigte, dass es möglich war, die Größe der Erde anhand astronomischer Beobachtungen und einfacher Mathematik zu messen.

2. Bestätigung der Kugelgestalt der Erde: Der Erfolg des Eratosthenes bekräftigte die Vorstellung, dass die Erde kugelförmig sei, eine Vorstellung, die bereits von griechischen Philosophen vertreten worden war, nun aber eine solide empirische Grundlage hatte.

3. Einfluss auf Geographie und Navigation: Eratosthenes' Werk hatte einen nachhaltigen Einfluss auf Geographie und Kartographie. Seine Messungen ermöglichten es antiken Geographen, genauere Karten zu erstellen, und Navigatoren, die Dimensionen der Welt besser zu verstehen.

4. Wissenschaftliches Erbe: Eratosthenes' Methode inspirierte spätere Wissenschaftlergenerationen, Beobachtung und Mathematik zur Erforschung und Messung der Natur zu nutzen. Sein Werk ist ein klassisches Beispiel dafür, wie intellektuelle Neugier und die konsequente Anwendung wissenschaftlicher Methoden zu revolutionären Entdeckungen führen können. Obwohl Eratosthenes' Methode brillant war, war sie nicht ohne Einschränkungen. Zu den Kritikpunkten und Herausforderungen zählen:

Entfernungsgenauigkeit: Die Messung von 5.000 Stadien zwischen Syene und Alexandria war eine Schätzung, und die genauen Stadien, die Eratosthenes verwendete, sind unsicher. Dies führte zu Fehlermargen in seinen Berechnungen.

Vereinfachende Annahmen: Eratosthenes ging davon aus, dass Syene und Alexandria auf demselben Meridian lagen und die Erde eine perfekte Kugel sei. Tatsächlich sind die beiden Städte jedoch nicht exakt von Norden nach Süden ausgerichtet, und die Erde ist ein an den Polen leicht abgeflachtes Ellipsoid.

Trotz dieser Einschränkungen ist die Gesamtgenauigkeit von Eratosthenes' Berechnung ein Beweis für sein Können und seinen Einfallsreichtum.

Eratosthenes von Kyrene war einer der großen Pioniere der antiken Wissenschaft, und seine Bestimmung des Erdumfangs zählt zu den bemerkenswertesten Errungenschaften in der Geschichte der Astronomie und Geographie. Seine Methode, die auf sorgfältigen Beobachtungen und einfachen mathematischen Berechnungen basierte, zeigte, dass es möglich war, die Welt präzise und wissenschaftlich zu vermessen. Eratosthenes' Erbe inspiriert bis heute Wissenschaftler und Entdecker und erinnert uns an die Kraft von Neugier und Vernunft im Streben nach Wissen.

KAPITEL 5: PTOLEOMIE UND DAS GEOCENTRISCHE MODELL DES UNIVERSUMS

Claudius Ptolemäus (100–170 n. Chr.) war einer der bedeutendsten Wissenschaftler der Antike, dessen Werke Astronomie, Geographie und Mathematik über tausend Jahre lang beeinflussten. Geboren in Hermiae im römischen Ägypten, verbrachte Ptolemäus den Großteil seines Lebens in Alexandria, dem bedeutendsten intellektuellen Zentrum der hellenistischen Welt. Sein berühmtestes Werk, der Almagest, fasste das griechische astronomische Wissen zusammen und entwarf ein geozentrisches Universumsmodell, das das westliche Denken bis zur wissenschaftlichen Revolution des 16. Jahrhunderts prägte.

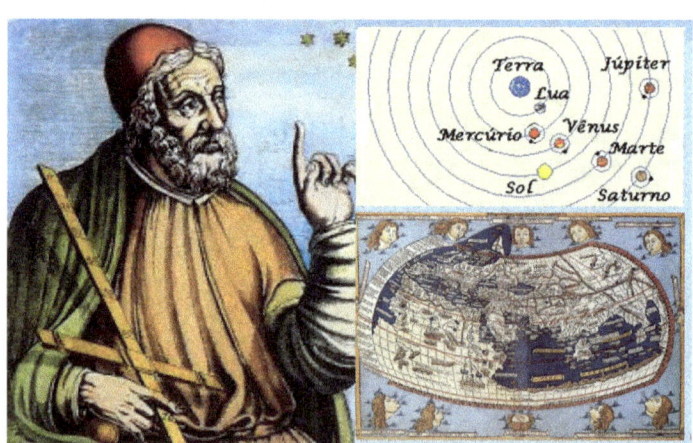

Ptolemäus lebte während des Römischen Reiches, zu einer Zeit, als Alexandria ein Schmelztiegel der Kulturen war und Wissen aus Ägypten, Griechenland, Mesopotamien und anderen Regionen vereinte. Die Bibliothek von Alexandria, in der Ptolemäus wahrscheinlich arbeitete, war die größte Wissenssammlung der Antike und beherbergte Texte zu

Mathematik, Astronomie, Geographie und Philosophie.

Ptolemäus war stark von seinen griechischen Vorgängern wie Hipparchos, Eudoxos und Aristoteles beeinflusst, integrierte aber auch Erkenntnisse aus anderen Kulturen, beispielsweise der babylonischen. Sein Ansatz verband empirische Beobachtung mit mathematischer Modellierung und setzte damit Maßstäbe für die antike Wissenschaft.

Der Almagest: Die große Synthese der antiken Astronomie

Ptolemäus' berühmtestes Werk, der Almagest (ursprünglich Mathematike Syntaxis, „Mathematische Abhandlung"), ist ein 13-bändiges Kompendium, das das astronomische Wissen der damaligen Zeit zusammenfasst und erweitert. Der Titel Almagest leitet sich von der arabischen Übersetzung des griechischen Begriffs Megiste Syntaxis („Die große Abhandlung") ab. Durch arabische Übersetzungen wurde das Werk bewahrt und im mittelalterlichen Europa weitergegeben.

Der Almagest deckt ein breites Themenspektrum ab, darunter:

1. Das geozentrische Weltbild: Ptolemäus argumentierte, dass die Erde im Zentrum des Universums stationär sei und Sonne, Mond, Planeten und Sterne um sie kreisen. Dieses geozentrische Weltbild war bis zur Einführung des Heliozentrismus durch Kopernikus im 16. Jahrhundert weithin anerkannt.

2. Planetenbewegungen: Ptolemäus entwickelte ein komplexes System zur Erklärung der scheinbar unregelmäßigen Planetenbewegungen, das Epizykel, Deferenten und Äquanten umfasste. Diese mathematischen Konzepte ermöglichten es, die Positionen der Planeten mit für die damalige Zeit bemerkenswerter Genauigkeit vorherzusagen.

3. Sternenkatalog: Der Almagest enthält einen Katalog von 1.022 Sternen, der teilweise auf früheren Arbeiten von Hipparchos basiert. Ptolemäus beschrieb die Position und Größe

jedes einzelnen Sterns und schuf so eine Himmelskarte, die jahrhundertelang verwendet wurde.

4. Theorie der Sonnenfinsternis: Ptolemäus stellte Methoden zur Vorhersage von Mond- und Sonnenfinsternissen vor, die auf Beobachtungen und mathematischen Berechnungen beruhten.

Das geozentrische Modell und die Mechanismen des Ptolemäus

Ptolemäus' geozentrisches Modell war eine Weiterentwicklung der von Eudoxos und Aristoteles vorgeschlagenen Systeme, jedoch mit mathematischen Verfeinerungen, die eine höhere Präzision ermöglichten. Um die Bewegungen der Planeten zu erklären, führte Ptolemäus drei Hauptkonzepte ein:

1. Deferent: Großkreis um die Erde, entlang dem sich der Mittelpunkt eines Planeten oder sein Epizykel bewegt.

2. Epizykel: Ein kleiner Kreis um einen Punkt auf dem Deferenten, der Unterschiede in der Geschwindigkeit und Richtung der Planetenbewegung erklärt.

3. Äquant: Ein Punkt außerhalb des Zentrums des Deferenten, relativ zu dem die Bewegung des Planeten gleichmäßig war. Der Äquant erklärt beobachtete Unregelmäßigkeiten in der Planetenbewegung, wie z. B. die retrograde Bewegung.

DIE GESCHICHTE DER ASTRONOMIE

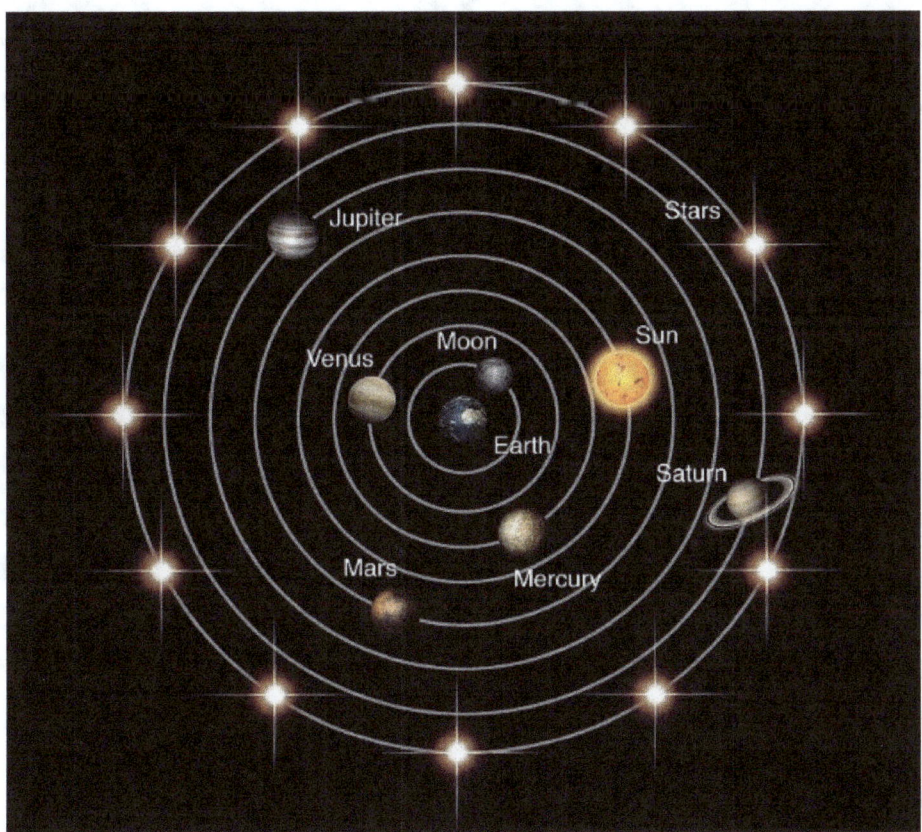

Geozentrisches Modell des Universums

Diese Mechanismen waren zwar komplex, ermöglichten es Ptolemäus jedoch, die Positionen der Planeten mit beeindruckender Genauigkeit vorherzusagen, was dazu beitrug, dass sein Modell über ein Jahrtausend lang akzeptiert blieb.

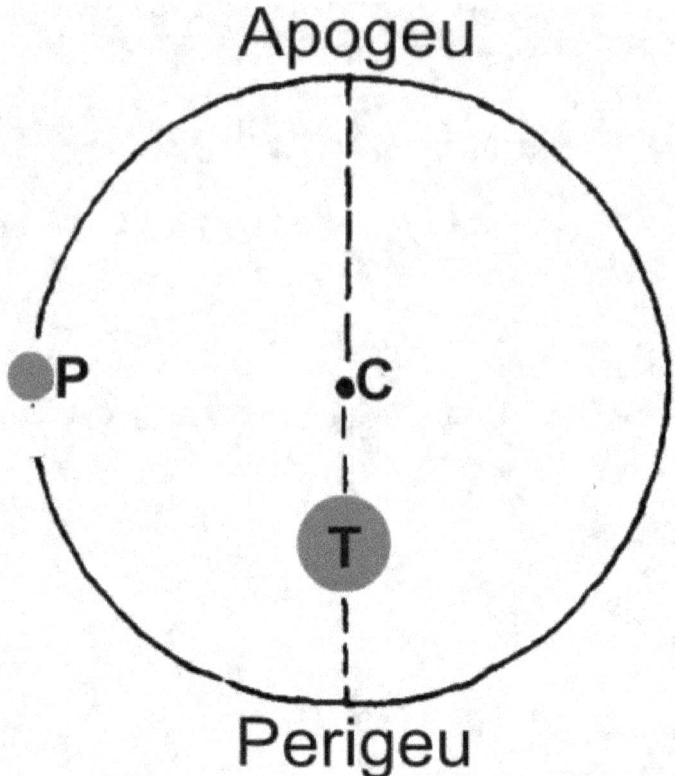

DIE GESCHICHTE DER ASTRONOMIE

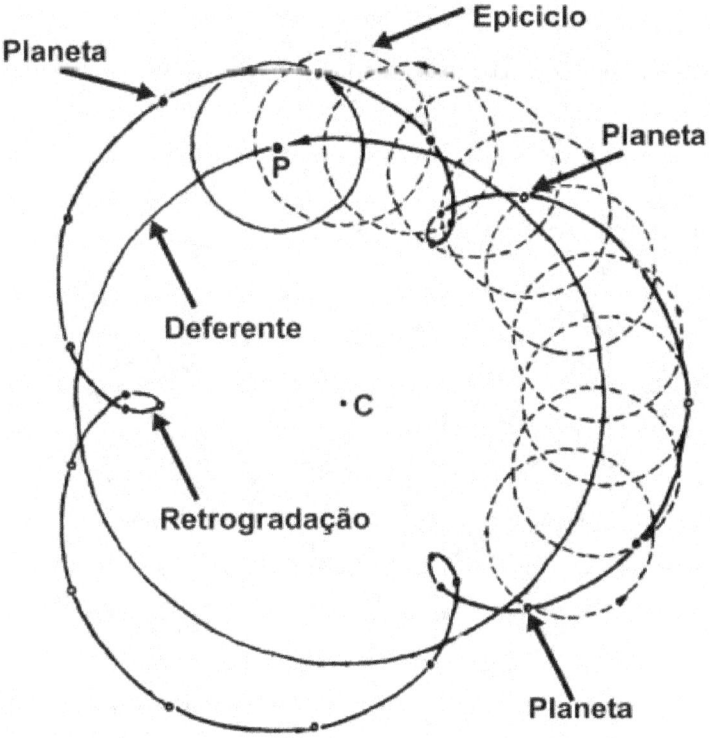

Deferenten und Epizykel im ptolemäischen Modell: Foto aus dem Internet

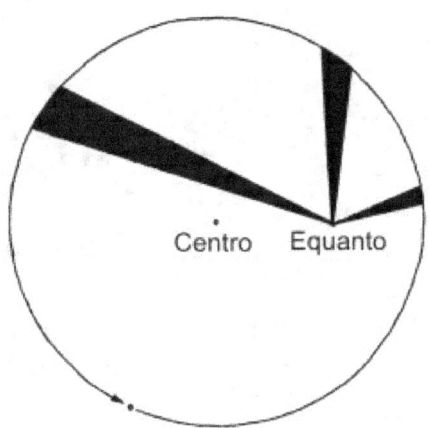

Von diesem Moment an überstreicht der Planet in gleichen Zeitintervallen gleiche Winkel.

geozentrische Sicht des Universums

Beiträge zur Geographie

Ptolemäus' Weltkarte

Neben seiner astronomischen Arbeit leistete Ptolemäus wichtige Beiträge zur Geographie. In seinem Werk Geographia fasste er das geographische Wissen der damaligen Zeit zusammen, darunter die Längen- und Breitengradkoordinaten von über 8.000 Orten. Ptolemäus schlug außerdem Methoden vor, um die Erdkugel auf eine flache Karte zu projizieren –

eine Herausforderung, die auch für die moderne Kartographie relevant ist.

Allerdings waren seine Schätzungen der Größe der Erde geringer als die des Eratosthenes, was möglicherweise Christoph Kolumbus Jahrhunderte später beeinflusste, als er die Entfernung unterschätzte, die nötig war, um Asien zu erreichen, wenn er nach Westen segelte.

Vermächtnis und Einfluss

Ptolemäus' Werk hatte einen tiefgreifenden und nachhaltigen Einfluss auf Wissenschaft und Kultur. Der Almagest wurde im 9. Jahrhundert ins Arabische und im 12. Jahrhundert ins Lateinische übersetzt und entwickelte sich zum Standardwerk der Astronomie im mittelalterlichen Europa und der islamischen Welt. Sein geozentrisches Weltbild fand breite Akzeptanz, bis Nikolaus Kopernikus im 16. Jahrhundert das heliozentrische Weltbild vorschlug.

Obwohl sein Modell schließlich überholt wurde, setzte Ptolemäus' wissenschaftlicher Ansatz – der Beobachtung, Mathematik und Theorie verband – einen Maßstab für die wissenschaftliche Forschung. Sein Werk wird bis heute nicht nur wegen seines historischen Inhalts untersucht, sondern auch als Beispiel dafür, wie sich die Wissenschaft durch Kritik und Revision etablierter Ideen weiterentwickelt.

Claudius Ptolemäus war einer der größten Wissenschaftler der Antike, dessen Beiträge zur Astronomie und Geographie das westliche Denken über tausend Jahre lang prägten. Sein geozentrisches Modell, das zwar später überholt wurde, stellte den Höhepunkt der antiken Astronomie dar und verband sorgfältige Beobachtung mit einem ausgeklügelten mathematischen Modell. Ptolemäus' Vermächtnis ist ein Zeugnis für die Kraft menschlicher Neugier und das Streben nach dem Verständnis des Kosmos.

KAPITEL 6: NIKOLAUS KOPERNIKUS UND DIE HELIOCENTRISCHE REVOLUTION

Nikolaus Kopernikus (1473–1543) war ein polnischer Astronom, Mathematiker und Kanoniker, dessen Werk den Beginn einer der größten wissenschaftlichen Revolutionen der Geschichte markierte: den Übergang vom geozentrischen zum heliozentrischen Weltbild. Sein Werk „De Revolutionibus Orbium Coelestium" („Über die Umdrehungen der Himmelssphären") rückte nicht nur die Sonne in den Mittelpunkt des Sonnensystems, sondern stellte auch jahrhundertealte wissenschaftliche und philosophische Traditionen in Frage und ebnete den Weg für die moderne Wissenschaft.

Nikolaus Kopernikus

Historischer und intellektueller Kontext

Kopernikus lebte in der Renaissance, einer Zeit der Wiederentdeckung klassischen Wissens und der Fortschritte in Kunst, Wissenschaft und Philosophie. Die Astronomie war jedoch noch stark von Ptolemäus' geozentrischem Modell geprägt, das das westliche Denken über tausend Jahre lang dominiert hatte. Obwohl das ptolemäische System komplex war und Planetenbewegungen einigermaßen genau vorhersagen konnte, wurde es aufgrund seiner Komplexität und beobachteter Inkonsistenzen zunehmend als unbefriedigend angesehen.

Kopernikus war von humanistischen Ideen und dem wiedererwachten Interesse an den Werken antiker griechischer Denker wie Aristarchos von Samos beeinflusst, der im 3. Jahrhundert v. Chr. ein heliozentrisches Weltbild vorgeschlagen hatte. Darüber hinaus ermöglichte ihm seine Ausbildung in Mathematik, Astronomie und Kirchenrecht, das Problem der Planetenbewegungen aus einer einzigartigen Perspektive anzugehen.

Das heliozentrische Modell

Kopernikus' wichtigster Beitrag war der Vorschlag eines heliozentrischen Modells des Sonnensystems, in dem die Sonne und nicht die Erde im Mittelpunkt stand. Dieses Modell stellte er in seinem Werk De Revolutionibus Orbium Coelestium vor, das 1543, kurz vor seinem Tod, veröffentlicht wurde. Zu den wichtigsten Aspekten des kopernikanischen Modells gehören:

1. Die Sonne im Zentrum: Kopernikus argumentierte, dass die Sonne im Zentrum des Universums stehe und die Erde und andere Planeten sie umkreisen. Diese Idee vereinfachte das ptolemäische System erheblich und machte Epizykel und Äquanten überflüssig.

Das heliozentrische Modell

2. Planetenbewegungen: In Kopernikus' Modell bewegten sich die Planeten auf Kreisbahnen um die Sonne, wobei die Erde lediglich ein weiterer Planet war. Er schlug außerdem vor, dass die Rotation der Erde um ihre eigene Achse die scheinbare tägliche Bewegung der Sonne und der Sterne erklärte.

3. Reihenfolge der Planeten: Kopernikus legte die richtige Reihenfolge der Planeten in Bezug auf die Sonne fest: Merkur, Venus, Erde, Mars, Jupiter und Saturn. Diese Anordnung ermöglichte eine bessere Erklärung astronomischer Beobachtungen, wie beispielsweise Helligkeitsschwankungen der Planeten und ihre rückläufige Bewegung.

4. Präzession der Tagundnachtgleichen: Kopernikus erklärte auch die Präzession der Tagundnachtgleichen, ein Phänomen, bei dem sich die Rotationsachse der Erde im Laufe der Zeit langsam verschiebt und so eine allmähliche Veränderung der Position der Sterne am Himmel verursacht.

Reaktionen auf das heliozentrische Modell

Kopernikus' Vorschlag war revolutionär, aber auch umstritten. Das heliozentrische Modell stellte nicht nur die ptolemäische Astronomie in Frage, sondern auch etablierte philosophische und religiöse Vorstellungen. Die Vorstellung, dass die Erde nicht der Mittelpunkt des Universums sei, widersprach der aristotelischen Sichtweise und der wörtlichen Auslegung biblischer Passagen, die den Geozentrismus zu stützen schienen.

Anfangs stieß Kopernikus' Arbeit selbst unter Wissenschaftlern auf Skepsis und Widerstand. Mit der Zeit gewannen seine Ideen jedoch an Akzeptanz, insbesondere nach der Arbeit von Astronomen wie Johannes Kepler und Galileo Galilei, die zusätzliche Beobachtungen und theoretische Beweise für den Heliozentrismus lieferten.

Beiträge zur Mathematik und Astronomie

Neben der Entwicklung des heliozentrischen Weltbildes leistete Kopernikus weitere wichtige Beiträge zur Mathematik und Astronomie:

1. Geldtheorie: Kopernikus verfasste eine Abhandlung über die Geldreform, in der er den Zusammenhang zwischen der im Umlauf befindlichen Geldmenge und der Inflation analysierte. Diese Arbeit zeigt seine Fähigkeit, mathematische Methoden auf praktische Probleme anzuwenden.

2. Greshams Gesetz: Obwohl er nicht der erste war, der diese Idee formulierte, trug Kopernikus zum Verständnis des „Greshamschen Gesetzes" bei, das besagt, dass schlechtes Geld (mit geringerem inneren Wert) dazu neigt, gutes Geld (mit höherem inneren Wert) aus dem Verkehr zu ziehen.

3. Astronomische Präzision: Obwohl Kopernikus' Modell noch Kreisbahnen verwendete (ein Fehler, der von Kepler korrigiert wurde), war es in vielerlei Hinsicht einfacher und präziser als das ptolemäische System. Seine Arbeit legte den Grundstein für die Neuformulierung der Himmelsmechanik.

Kopernikus' Werk markierte den Beginn der wissenschaftlichen Revolution, einer Zeit tiefgreifender Veränderungen im menschlichen Verständnis des Universums. Sein Mut, etablierte Ideen in Frage zu stellen, und sein rigoroser mathematischer Ansatz inspirierten Generationen von Wissenschaftlern, darunter Kepler, Galilei und Newton.

Obwohl seine Ideen zunächst auf Widerstand stießen, wurde das heliozentrische Modell schließlich zur Grundlage der modernen Astronomie. Die katholische Kirche, die den Heliozentrismus zunächst verurteilte, akzeptierte ihn schließlich nach Galileis Arbeiten und der Formulierung der Newtonschen Gesetze.

Nikolaus Kopernikus war einer der bedeutendsten Wissenschaftler der Geschichte, dessen Werk unser Verständnis des Universums revolutionierte. Mit seinem heliozentrischen Weltbild korrigierte er nicht nur grundlegende Irrtümer der antiken Astronomie, sondern ebnete auch den Weg für eine neue Ära wissenschaftlicher Entdeckungen. Sein Vermächtnis ist ein Zeugnis für die Kraft von Neugier, Vernunft und intellektuellem Mut im Streben nach Wissen.

KAPITEL 7: ISLAMISCHE ASTRONOMIE UND IHR WISSENSCHAFTLICHES ERBE

Die islamische Astronomie erlebte zwischen dem 8. und 15. Jahrhundert ihre Blütezeit und wurde zu einer wichtigen Brücke zwischen dem klassischen Wissen des antiken Griechenlands und der europäischen Renaissance. Ursprünglich auf persischen und indischen astronomischen Traditionen basierend, integrierte und erweiterte die islamische Astronomie rasch das griechische Erbe, insbesondere die Werke von Aristoteles und Ptolemäus. In dieser Zeit bewahrten und übersetzten muslimische Gelehrte nicht nur antike Texte, sondern erzielten auch bedeutende Fortschritte in Beobachtung, Mathematik und Instrumentierung und legten damit den Grundstein für die moderne Astronomie.

Die Zentren der islamischen Astronomie

Zwischen dem 9. und 12. Jahrhundert entstanden in der islamischen Welt drei große Zentren der Astronomie: Bagdad, Kairo und Südspanien (Al-Andalus). Jedes dieser Zentren trug auf einzigartige Weise zur Entwicklung der Astronomie bei.

1. Bagdad: Das Haus der Weisheit: Unter dem Kalifat der Abbasiden entwickelte sich Bagdad zum Zentrum wissenschaftlichen Wissens in der islamischen Welt. Das im 9. Jahrhundert gegründete Haus der Weisheit (Bayt al-Hikma) war ein Forschungs- und Übersetzungsinstitut, das Gelehrte unterschiedlicher Herkunft zusammenbrachte, um in den Bereichen Astronomie, Mathematik, Medizin und Philosophie zu forschen. Hier wurden klassische Werke von Ptolemäus, Aristoteles und anderen griechischen Denkern ins Arabische übersetzt, um dieses Wissen zu bewahren und zu verbreiten.

Al-Battani (850–929): Bekannt als „Ptolemaios der Araber",

verfeinerte Al-Battani astronomische Messungen und berechnete präzise die Länge des Sonnenjahres und die Neigung der Ekliptik. Seine Arbeit beeinflusste islamische und europäische Astronomen.

Maragha-Observatorium: Im späten 13. Jahrhundert entwickelte sich das Maragha-Observatorium im Iran zu einem Exzellenzzentrum der mathematischen Astronomie. Dort entwickelte Nasir ad-Din al-Tusi (1201–1274) Planetenmodelle, die einige Unstimmigkeiten des ptolemäischen Systems korrigierten und so den Weg für zukünftige Innovationen ebneten.

2. Kairo: Optik und Beobachtung: In Kairo wurde die Astronomie durch die Arbeiten von Alhazen (Ibn al-Haytham, 986–1039), einem der größten optischen Physiker der Geschichte, bereichert. Alhazen untersuchte die Lichtbrechung, die Bildentstehung im Auge und das Phänomen der Dämmerung und wies nach, dass die Erdatmosphäre die Sonnenstrahlen „beugt". Seine optischen Entdeckungen hatten tiefgreifende Auswirkungen auf die beobachtende Astronomie.

Alhazen und die Camera Obscura: Alhazen war ein Pionier in der Erforschung der Camera Obscura, eines Geräts, das später für die Entwicklung der Fotografie und der Teleskopastronomie von grundlegender Bedeutung sein sollte.

3. Al-Andalus: Mathematische Innovation: In Südspanien entwickelten Astronomen wie Arzaquel (al-Zarqali, 1029–1087) fortschrittliche mathematische Methoden zur Berechnung der Planetenbahnen. Sie erstellten astronomische Tabellen (Zijes), deren Genauigkeit die von Ptolemäus übertraf, und führten Verbesserungen in der sphärischen Trigonometrie ein, die für Navigation und Kartografie unerlässlich ist.

Toledanische Tafeln: Arzaquel stellte die Toledanischen Tafeln zusammen, die im mittelalterlichen Europa häufig zur Vorhersage von Himmelsbewegungen verwendet wurden.

Islamische Astronomen folgten nicht einfach dem geozentrischen Modell des Ptolemäus; sie hinterfragten es und versuchten, es zu verfeinern. Einer der Hauptkritikpunkte war die Verwendung des Äquanten, eines imaginären Punktes, der zwar die Planetenbewegung erklärte, aber gegen das aristotelische Prinzip der gleichförmigen Kreisbewegung verstieß.

Ibn al-Shatir (1304–1375): Dieser Astronom aus Damaskus schlug ein Planetenmodell vor, das den Äquanten eliminierte und stattdessen Epizykel und Deferenten kohärenter verwendete. Interessanterweise wies sein Modell Ähnlichkeiten mit dem späteren Modell von Kopernikus auf, was auf einen möglichen Einfluss hindeutet.

Mathematische und instrumentelle Beiträge

Die islamische Astronomie war eng mit der Entwicklung der Mathematik verbunden. Gelehrte wie Al-Chwarizmi (780–850) und Al-Biruni (973–1048) erzielten bedeutende Fortschritte in Algebra, Trigonometrie und Infinitesimalrechnung und schufen wichtige Werkzeuge für die astronomische Analyse.
Almanache (Al-manunkhs): Islamische Astronomen erstellten detaillierte Almanache, in denen sie die Positionen von Sternen und Himmelsereignissen festhielten. Diese Aufzeichnungen waren für europäische Astronomen wie Kopernikus und Tycho Brahe von entscheidender Bedeutung.

Präzisionsinstrumente: Astrolabium: Islamische Astronomen perfektionierten das Astrolabium, ein multifunktionales Werkzeug zur Messung der Himmelshöhe, Bestimmung der Uhrzeit und Vorhersage astronomischer Ereignisse.

JOSÉ RUIZ WATZECK

Astrolabium

nautisches Astrolabium

Sextant: Am Samarkand-Observatorium konstruierte Ulug Beg (1394–1449) einen gigantischen Sextanten, der Winkelmessungen mit beispielloser Präzision ermöglichte. Mit ihm bestimmte er die Länge des Jahres auf wenige Minuten genau.

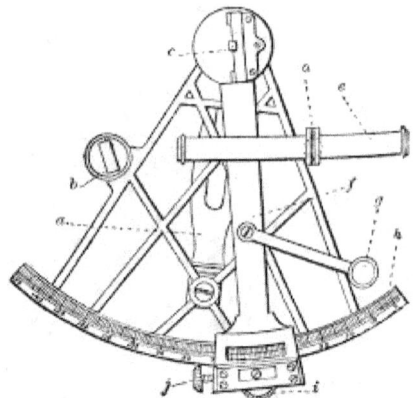
Sextant: Bildwiedergabe

Trotz ihrer Übernahme des geozentrischen Modells leisteten islamische Astronomen entscheidende Beiträge, die den Weg für die wissenschaftliche Revolution ebneten. Ihre Sternkataloge, astronomischen Tabellen und mathematischen Fortschritte fanden im Europa des Mittelalters und der Renaissance breite Anwendung. Ihre Skepsis gegenüber dem ptolemäischen System und ihre Versuche, es zu verfeinern, zeigten zudem die Bedeutung wissenschaftlicher Beobachtung und Kritik.

Die islamische Astronomie war eine Zeit außergewöhnlicher Kreativität und Innovation. Sie bewahrte und erweiterte altes Wissen und legte gleichzeitig den Grundstein für die moderne Wissenschaft. Gelehrte wie Al-Battani, Al-Hazen, Arzakel und Ulugh Beg erweiterten nicht nur unser Verständnis des Kosmos, sondern entwickelten auch Werkzeuge und Methoden, die die Astronomie zu einer anspruchsvollen mathematischen und beobachtenden Disziplin machten. Ihr Erbe inspiriert bis heute Astronomen und Wissenschaftler weltweit und erinnert uns an die Kraft interkultureller Zusammenarbeit im Streben nach Wissen.

DIE GESCHICHTE DER ASTRONOMIE

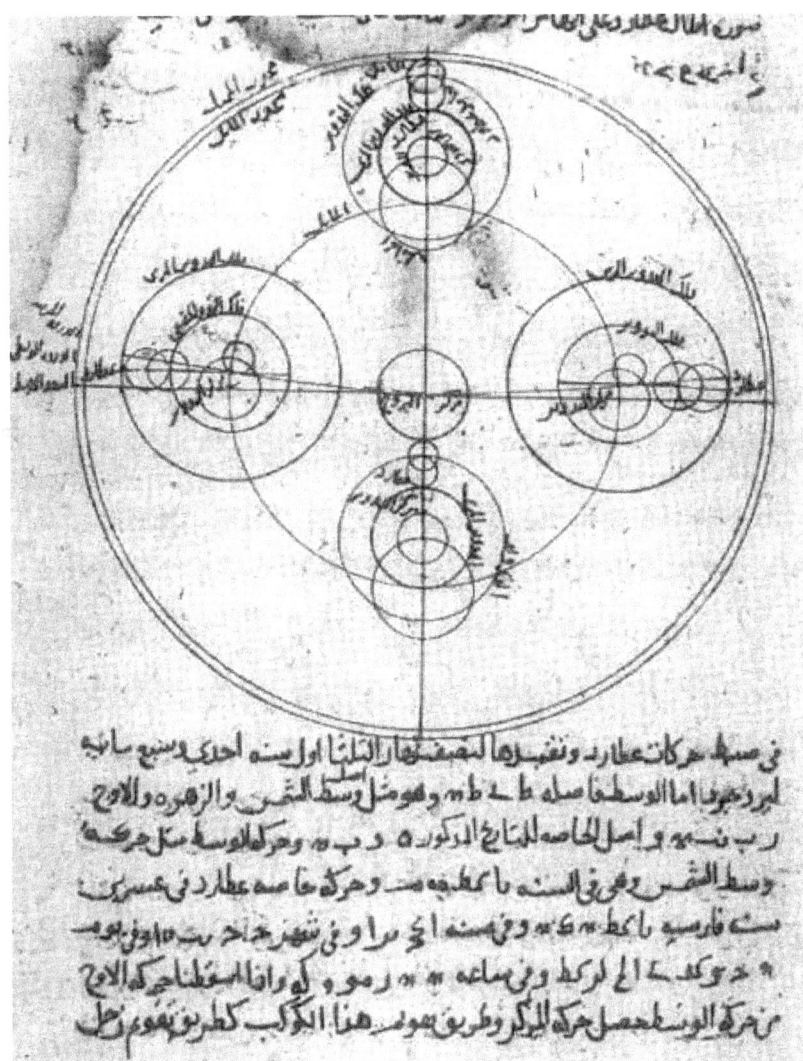

Ibn al-Shatirs Modell der Mondrevolution.

KAPITEL 8: EUROPÄISCHE ASTRONOMIE IM MITTELALTER

Das Mittelalter wird oft als eine Zeit wissenschaftlicher Stagnation beschrieben, die von der katholischen Kirche dominiert und von der Unterdrückung kritischen Denkens geprägt war. Diese vereinfachende Sichtweise ignoriert jedoch die wichtigen Beiträge dieser Zeit, insbesondere im Bereich der Astronomie. Obwohl die Kirche einen erheblichen Einfluss auf Bildung und Denken ausübte, war die mittelalterliche europäische Astronomie eine Zeit des Übergangs und der Vorbereitung auf die wissenschaftliche Revolution der Renaissance. Dieses Kapitel untersucht die Entwicklung der Astronomie im mittelalterlichen Europa und beleuchtet ihre Grenzen, Fortschritte und ihre entscheidende Rolle bei der Bewahrung und Weitergabe von Wissen.

Im Mittelalter war die katholische Kirche Europas führende Bildungs- und Kulturinstitution. Die meisten Gelehrten waren Geistliche, und der akademische Lehrplan war stark theologisch geprägt. Das Mittelalter war jedoch alles andere als eine intellektuelle Wüstenlandschaft, sondern eine Zeit, in der altes Wissen bewahrt, neu interpretiert und in manchen Fällen erweitert wurde.

Die Astronomie nahm einen wichtigen Platz im Quadrivium ein, den vier mathematischen Wissenschaften, die den mittelalterlichen Lehrplan bildeten: Arithmetik, Geometrie, Musik und Astronomie. Die Beherrschung der Astronomie war für jeden Studenten, der einen Universitätsabschluss anstrebte, unerlässlich, da sie als Werkzeug zum Verständnis der göttlichen Ordnung des Kosmos galt.

Die mittelalterliche Kosmologie war stark von den Ideen Aristoteles und Ptolemäus geprägt. Aristoteles vertrat ein geozentrisches Universum, in dem die Erde stationär im Zentrum steht und die Himmelskörper in kristallinen Sphären um sie kreisen. Ptolemäus wiederum verfeinerte dieses Modell mit seinem System von Epizykeln und Deferenten, das eine präzisere Vorhersage der Planetenbewegungen ermöglichte.

Die Kirche übernahm das aristotelisch-ptolemäische Modell, da es mit der biblischen Sicht des Universums vereinbar schien. Die Idee eines geordneten und hierarchischen Kosmos mit der Erde im Zentrum bestärkte die Vorstellung, dass Gott die Welt zu einem göttlichen Zweck erschaffen hatte. Diese Sichtweise schränkte jedoch auch das wissenschaftliche Denken ein, da jede Idee, die den Geozentrismus in Frage stellte, mit Argwohn betrachtet wurde.

Trotz der von der Kirche auferlegten Beschränkungen erzielte die mittelalterliche Astronomie bedeutende Fortschritte, insbesondere in den Bereichen Beobachtung und Instrumentierung. Viele dieser Fortschritte wurden durch den Kontakt mit der islamischen Welt ermöglicht, die das klassische Wissen im Mittelalter bewahrte und erweiterte.

1. Übersetzungen und Kompendien: Im 13. Jahrhundert wurden wichtige astronomische Werke ins Lateinische übersetzt, darunter Ptolemäus' Almagest und arabische Abhandlungen. Einer der einflussreichsten Texte war Johannes de Sacroboscos Sphera Mundi, die als grundlegendes Lehrbuch der Astronomie an mittelalterlichen Universitäten diente.

2. Astronomische Instrumente: Mittelalterliche Astronomen perfektionierten Instrumente wie das Astrolabium und den Quadranten, mit denen sie die Position der Sterne präziser messen konnten. Diese Instrumente waren für die Navigation und die Kartierung des Himmels unerlässlich.

Nautisches Astrolabium: eine vereinfachte Version des Astrolabiums, das zur Bestimmung des Breitengrads auf See verwendet wird.

Astronomisches Astrolabium

Armbrust: Instrument zur Messung der Höhe von Sternen, Vorläufer des modernen Sextanten.

Armbrust

3. Mechanisierung und Uhren: Versuche, das Astrolabium zu mechanisieren und Geräte zu entwickeln, die die Bewegung der Sterne simulierten, führten zur Entwicklung der ersten mechanischen Uhren. Diese gewichtsgetriebenen Uhren waren eine entscheidende technologische Innovation, die sowohl die Astronomie als auch das tägliche Leben beeinflusste.

Mittelalterliche Denker und innovative Ideen

Obwohl die meisten mittelalterlichen Gelehrten das geozentrische Modell akzeptierten, begannen einige, etablierte Ideen in Frage zu stellen und alternative Theorien vorzuschlagen. Diese Denker, oft Mitglieder der Kirche, zeigten, dass kritisches Denken nicht vollständig unterdrückt wurde.

1. Thomas Bradwardine (1290–1349): Bradwardine, der spätere Erzbischof von Canterbury, diskutierte die Möglichkeit eines unendlichen Universums. Seine Ideen stellten die aristotelische Vorstellung eines endlichen, hierarchischen Kosmos in Frage.

2. Nicole Oresme (1320–1382): Oresme, Bischof von Lisieux, argumentierte, dass die Erde rotieren könnte, eine Idee, die Kopernikus' Heliozentrismus vorwegnahm. Er stellte auch die Vorstellung in Frage, dass die Bewegung der Himmelskörper von kristallinen Sphären bestimmt werde.

3. Nikolaus von Kues (1401–1464): Nikolaus von Kues

postulierte, dass das Universum unendlich sei und dass es neben der Erde noch andere bewohnte Welten geben könnte. Seine Ideen waren zwar umstritten, wurden aber von der Kirche toleriert, vielleicht weil er selbst Kardinal war.

Der Gregorianische Kalender

Eines der nachhaltigsten Vermächtnisse der mittelalterlichen Astronomie war die Kalenderreform, die Papst Gregor XIII. 1582 durchführte. Der Gregorianische Kalender, den wir noch heute verwenden, wurde geschaffen, um Ungenauigkeiten im Julianischen Kalender zu korrigieren, der im Laufe der Jahrhunderte nicht mehr mit den Himmelsphänomenen übereinstimmte. Die Reformation erforderte fortgeschrittene Kenntnisse in Astronomie und Mathematik und verdeutlichte die Bedeutung der Wissenschaft auch im religiösen Kontext.

Die europäische Astronomie im Mittelalter war eine Zeit der Widersprüche und des Wandels. Obwohl sie vom geozentrischen Modell dominiert und von der Theologie beeinflusst war, war sie auch eine Zeit der Bewahrung und Weitergabe alten Wissens sowie technischer und theoretischer Innovationen, die den Weg für die wissenschaftliche Revolution ebneten. Gelehrte wie Bradwardin, Oresme und Nikolaus von Kues haben gezeigt, dass kritisches Denken und wissenschaftliche Neugier nicht vollständig unterdrückt, sondern in eine Richtung gelenkt wurden, die schließlich zu revolutionären Veränderungen führte. Das Mittelalter war alles andere als ein „dunkles Zeitalter", sondern ein entscheidendes Glied in der Kette des wissenschaftlichen Fortschritts.

KAPITEL 9: GIORDANO BRUNO – DER MÄRTYRER DES UNENDLICHEN KOSMOS

Giordano Bruno (1548–1600) war einer der mutigsten und umstrittensten Denker der Renaissance. Als Philosoph, Astronom, Dichter und Mystiker stellte Bruno die etablierten Vorstellungen seiner Zeit in Frage und verteidigte ein unendliches Universum, die Existenz mehrerer Welten und die Gedankenfreiheit. Seine radikalen Ideen und seine Weigerung, vor der Inquisition zu widerrufen, führten dazu, dass er als Ketzer auf dem Scheiterhaufen verbrannt wurde. Heute wird Bruno als Märtyrer der geistigen Freiheit und als Wegbereiter der modernen Kosmologie gefeiert.

Giordano Bruno wurde 1548 in Nola bei Neapel geboren. Sein Taufname war Filippo, doch den Namen Giordano nahm er an, als er mit 17 Jahren dem Dominikanerorden beitrat. Während seiner Klosterjahre studierte Bruno Theologie, Philosophie und die klassischen Werke von Aristoteles, Thomas von Aquin und den Neuplatonikern. Sein rastloser Geist und seine Skepsis gegenüber der kirchlichen Dogmatik brachten ihn jedoch bald in Konflikt mit den religiösen Autoritäten.

Im Jahr 1576 wurde Bruno der Ketzerei beschuldigt, weil er die Dreifaltigkeit und andere katholische Lehren in Frage stellte. Er floh aus dem Kloster und begann ein Leben voller Reisen und Exil. Er bereiste Europa und lebte in Städten wie Genf, Paris, London, Prag und Frankfurt, wo er lehrte, debattierte und seine Werke veröffentlichte.

Giordano Bruno war ein visionärer Denker, dessen Ideen viele moderne wissenschaftliche Entdeckungen vorwegnahmen. Zu seinen wichtigsten Beiträgen gehören:

1. Das unendliche Universum: Bruno lehnte Ptolemäus' geozentrisches Modell und Aristoteles' endliches Universum ab. Stattdessen postulierte er, dass das Universum unendlich sei, ohne Zentrum und Ränder, und dass die Sterne ferne Sonnen seien, die von ihren eigenen Planeten umgeben seien. Diese Idee stellte nicht nur die mittelalterliche Kosmologie in Frage, sondern auch die religiöse Vision eines geordneten und hierarchischen Kosmos.

2. Die Pluralität der Welten: Bruno war einer der Ersten, der die Existenz mehrerer bewohnter Welten verteidigte. Er argumentierte, wenn das Universum unendlich sei, gebe es keinen Grund zu der Annahme, dass die Erde der einzige Planet mit Leben sei. Diese damals als ketzerisch geltende Idee nahm die moderne Suche nach Exoplaneten und außerirdischem

Leben vorweg.

3. Ablehnung des Geozentrismus: Obwohl Bruno kein detailliertes astronomisches Modell wie Kopernikus entwickelte, übernahm er den Heliozentrismus und erweiterte ihn. Er betrachtete die Sonne als einen Stern unter vielen, der im Universum keine privilegierte Stellung einnahm.

4. Die Einheit des Kosmos: Beeinflusst vom Neuplatonismus und Hermetik betrachtete Bruno das Universum als ein zusammenhängendes Ganzes, in dem alles durch eine universelle Lebenskraft vereint ist. Diese ganzheitliche Vision nahm moderne Konzepte wie die Verbundenheit von Materie und Energie vorweg.

5. Gedankenfreiheit: Bruno war ein überzeugter Verfechter der geistigen Freiheit und des Wissensstrebens. Er glaubte, dass Wahrheit nur durch Vernunft und freie Forschung erreicht werden könne, ohne Einmischung von Dogmen oder religiösen Autoritäten.

Hauptwerke

Zu den wichtigsten Werken Giordano Brunos zählen:
„Das Abendmahl am Ceneri" (1584): In diesem Dialog verteidigt Bruno den Heliozentrismus und kritisiert die aristotelische Vision des Universums.

„De l'Infinito, Universo e Mondi" (1584): Hier legt Bruno seine Theorie des unendlichen Universums und der Vielzahl der Welten dar.

„Von der Ursache, dem Prinzip und dem Einen" (1584): In diesem Werk erforscht Bruno die Einheit des Kosmos und die Natur der Realität.

„Spaccio de la Bestia Trionfante" (1584): Eine philosophische Satire, die die Korruption der Kirche kritisiert und moralische und intellektuelle Reformen befürwortet.

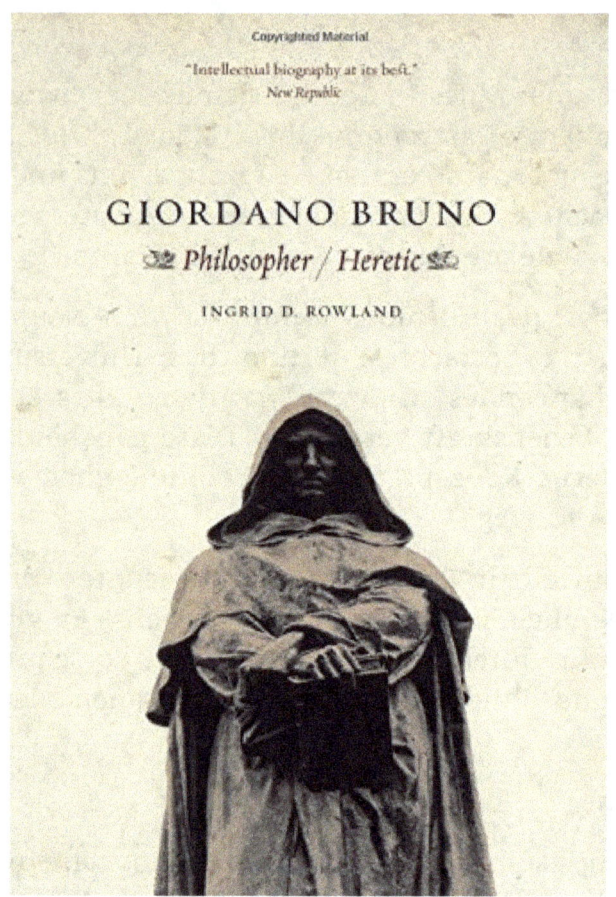

Der Konflikt mit der Kirche und das Martyrium

Brunos radikale Ideen und seine kompromisslose Persönlichkeit erregten die Aufmerksamkeit der Inquisition. 1592 wurde er in Venedig verhaftet und der römischen Inquisition übergeben. Während seines achtjährigen Prozesses weigerte sich Bruno, seine Ideen zu widerrufen und beharrte darauf, dass seine Überzeugungen mit dem wahren Glauben vereinbar seien. 1600 wurde er zum Ketzer erklärt und auf dem Campo de' Fiori in Rom auf dem Scheiterhaufen verbrannt. Seine letzten Worte sollen gewesen sein: „Vielleicht werdet ihr, meine Richter, dieses Urteil mit größerer Furcht gegen mich verkünden, als ich es aufnehme."

Giordano Bruno war ein Märtyrer für die Gedankenfreiheit und ein Vorläufer der modernen Wissenschaft. Seine Ideen vom unendlichen Universum und der Vielfalt der Welten nahmen astronomische Entdeckungen vorweg, die erst Jahrhunderte später bestätigt wurden. Obwohl er keine technischen Beiträge zur Astronomie leistete, inspirierten seine philosophische Vision und sein Mut, etablierte Autoritäten herauszufordern, Generationen von Wissenschaftlern und Denkern.

Heute wird Bruno als Symbol des Kampfes für geistige Freiheit und als Mahnung an die Gefahren des Dogmatismus gefeiert. An seiner Hinrichtungsstätte auf dem Campo de' Fiori wurde ihm zu Ehren eine Statue errichtet, die ihn als Helden des freien Denkens würdigt.

Giordano Bruno war einer der visionärsten und mutigsten Denker der Geschichte. Seine revolutionären Ideen vom unendlichen Universum, der Pluralität der Welten und der Gedankenfreiheit stellten die Konventionen seiner Zeit in Frage und ebneten den Weg für die moderne Wissenschaft. Sein Martyrium ist ein Beweis für die Macht der Ideen und die Bedeutung der Verteidigung der Wahrheit, selbst angesichts von Unterdrückung. Bruno inspiriert bis heute diejenigen, die den Kosmos verstehen und für geistige Freiheit kämpfen wollen.

KAPITEL 10: TYCHO BRAHE – DER HIMMELSBEOBACHTER

Tycho Brahe (1546–1601) war einer der größten beobachtenden Astronomen der Geschichte, dessen Werk unser Verständnis des Kosmos revolutionierte. Bekannt für seine präzisen und detaillierten Messungen der Himmelsbewegungen, schuf Brahe ein Erbe, das als Brücke zwischen der antiken Astronomie und der wissenschaftlichen Revolution diente. Seine Daten waren maßgeblich an Johannes Keplers Formulierung der Gesetze der Planetenbewegung beteiligt und ebneten den Weg für die moderne Astronomie.

Tycho Brahe wurde 1546 in Knudstrup, Dänemark (heute Schweden), als Sohn einer Adelsfamilie geboren. Schon früh interessierte er sich für Astronomie, doch seine Familie erwartete von ihm eine Karriere in Politik oder Recht. 1560 entfachte eine präzise vorhergesagte Sonnenfinsternis seine Leidenschaft für die Astronomie, und er beschloss, sein Leben der Erforschung des Himmels zu widmen.

Brahe studierte an den Universitäten Kopenhagen, Leipzig, Rostock und Basel, wo er Mathematik, Astronomie und Astrologie erlernte. Seine exzentrische Persönlichkeit und sein hitziges Temperament führten ihn in mehrere Konflikte, darunter ein berühmtes Duell im Jahr 1566, bei dem er einen Teil seiner Nase verlor, der durch eine Metallprothese ersetzt wurde.

Wissenschaftliche Beiträge

Tycho Brahe ist vor allem für seine präzisen astronomischen Beobachtungen bekannt, die die seiner Vorgänger weit übertrafen. Zu seinen wichtigsten Beiträgen zählen:

1. Hochpräzise Beobachtungen: Brahe baute und verwendete

hochpräzise astronomische Instrumente wie Quadranten, Sextanten und Armillarsphären, um die Positionen von Sternen und Planeten zu messen. Seine Beobachtungen waren so präzise, dass er Fehler in bestehenden astronomischen Tabellen, wie beispielsweise Reinholds Preußischen Tafeln, erkennen konnte.

2. Der neue Stern von 1572: 1572 beobachtete Brahe einen neuen Stern (heute Supernova genannt) im Sternbild Kassiopeia. Er veröffentlichte seine Beobachtungen in dem Buch „De Nova Stella" und wies nach, dass das Phänomen in der Himmelssphäre jenseits des Mondes auftrat. Dies widersprach der aristotelischen Vorstellung eines unveränderlichen und endlichen Himmels und erschütterte die Grundlagen der mittelalterlichen Kosmologie.

3. Der Komet von 1577: Brahe untersuchte einen hellen Kometen, der 1577 erschien, und zeigte, dass er sich über die Umlaufbahn des Mondes hinausbewegte. Dies stellte die Vorstellung fester Himmelssphären erneut in Frage. Er schlug außerdem vor, dass Kometen Himmelskörper und keine atmosphärischen Phänomene seien, wie bisher angenommen.

4. Das Tychonische Modell: Brahe schlug ein kosmologisches Modell vor, das Elemente des Geozentrismus und des Heliozentrismus kombinierte. In Brahes System blieb die Erde im Zentrum des Universums, Sonne und Mond umkreisten sie, während die anderen Planeten die Sonne umkreisten. Dieses Modell, bekannt als das Tychonische System, war ein Versuch, astronomische Beobachtungen mit der aristotelischen Physik in Einklang zu bringen.

5. Uraniborg und Stjerneborg: Mit Unterstützung von König Friedrich II. von Dänemark errichtete Brahe das Uraniborg-Observatorium auf der Insel Hven, ausgestattet mit den besten Instrumenten seiner Zeit. Später baute er Stjerneborg, ein unterirdisches Observatorium, um die Stabilität zu erhöhen.

Diese Observatorien entwickelten sich zu astronomischen Exzellenzzentren und zogen Wissenschaftler aus ganz Europa an.

6. Sternenkatalog: Brahe stellte einen detaillierten Katalog von über 1.000 Sternen zusammen, deren Positionen mit beispielloser Präzision vermessen wurden. Dieser Katalog war für Johannes Keplers Arbeit und die Entwicklung der modernen Astronomie von entscheidender Bedeutung.

Tycho Brahe starb 1601, möglicherweise an einer Niereninfektion, nachdem er sein Leben der Astronomie gewidmet hatte. Seine Beobachtungsdaten, insbesondere die detaillierten Aufzeichnungen der Marsbewegungen, wurden an Johannes Kepler weitergegeben, der sie zur Formulierung seiner drei Gesetze der Planetenbewegung nutzte. Ohne Brahes präzise Beobachtungen wären Keplers revolutionäre Entdeckungen nicht möglich gewesen.

Brahe beeinflusste auch die Astronomie, indem er die Bedeutung systematischer Beobachtung und präziser Datenerfassung demonstrierte. Seine Arbeit trug dazu bei, die Astronomie als empirische Wissenschaft zu etablieren, die auf Beweisen und sorgfältigen Messungen basiert.

DIE GESCHICHTE DER ASTRONOMIE

Tycho Brahe und Johannes Kepler

Tycho Brahe war eine der Säulen der wissenschaftlichen Revolution, dessen Beobachtungsarbeit die Astronomie revolutionierte. Seine präzisen Messungen, sein innovatives kosmologisches Modell und seine hochmodernen Observatorien setzten neue Maßstäbe in der Wissenschaft. Obwohl er die Akzeptanz des Heliozentrismus nicht mehr erlebte, trugen seine Beiträge maßgeblich dazu bei, dass Kepler und andere Wissenschaftler unser Verständnis des Universums revolutionierten. Brahe gilt bis heute als einer der größten Himmelsbeobachter und Pionier der modernen Astronomie.

KAPITEL 11: JOHANNES KEPLER – DER MATHEMATIKER DES KOSMOS

Johannes Kepler (1571–1630) war eine tragende Säule der wissenschaftlichen Revolution. Seine Arbeit revolutionierte unser Verständnis der Planetenbewegung und des Universums. Bekannt für die Formulierung der drei Gesetze der Planetenbewegung, verband Kepler Mathematik, Beobachtung und Theorie zu einer neuen Vision des Kosmos. Seine Entdeckungen bestätigten nicht nur Kopernikus' heliozentrisches Weltbild, sondern legten auch den Grundstein für Isaac Newtons Himmelsmechanik.

Johannes Kepler wurde am 27. Dezember 1571 in Weil der Stadt im Heiligen Römischen Reich (dem heutigen Deutschland) geboren. Seine Kindheit war von Schwierigkeiten geprägt, darunter gesundheitliche Probleme und ein instabiles familiäres Umfeld. Trotzdem zeigte er ein außergewöhnliches mathematisches Talent und wurde zum Studium der Theologie an die Universität Tübingen geschickt, wo er mit den Ideen von Kopernikus in Berührung kam.

Kepler wollte ursprünglich lutherischer Pfarrer werden, doch seine Leidenschaft für Astronomie und Mathematik führte ihn zu einer wissenschaftlichen Laufbahn. 1594 nahm er eine Stelle als Professor für Mathematik und Astronomie im österreichischen Graz an, wo er begann, seine revolutionären Ideen zu entwickeln.

Kepler ist vor allem für seine drei Gesetze der Planetenbewegung bekannt, doch seine Beiträge gehen weit darüber hinaus. Die wichtigsten Aspekte seiner Arbeit werden im Folgenden näher erläutert:
1. Die drei Gesetze der Planetenbewegung: Erstes Gesetz (Orbitalgesetz): Die Planeten bewegen sich auf elliptischen

Bahnen, wobei die Sonne einen Brennpunkt der Ellipse bildet. Dieses Gesetz ersetzte die Vorstellung von Kreisbahnen, die die Astronomie seit der Antike dominiert hatte.

Zweites Gesetz (Flächengesetz): Eine Linie, die einen Planeten mit der Sonne verbindet, überstreicht in gleicher Zeit gleiche Flächen. Das bedeutet, dass sich Planeten schneller bewegen, wenn sie näher an der Sonne sind (Perihel), und langsamer, wenn sie weiter entfernt sind (Aphel).

Drittes Gesetz (Gesetz der Perioden): Das Quadrat der Umlaufzeit eines Planeten ist proportional zur dritten Potenz der großen Halbachse seiner Umlaufbahn. Dieses Gesetz stellt eine präzise mathematische Beziehung zwischen der Entfernung eines Planeten von der Sonne und der Zeit her, die er für eine Umlaufbahn benötigt.

2. Astronomia Nova (1609): In diesem bahnbrechenden Werk stellte Kepler seine ersten beiden Gesetze der Planetenbewegung vor. Seine Erkenntnisse basierten auf präzisen Beobachtungsdaten von Tycho Brahe, mit dem er in seinen letzten Lebensjahren in Prag zusammenarbeitete. Kepler verbrachte Jahre damit, Beobachtungen des Mars zu analysieren, was ihn dazu brachte, die Idee kreisförmiger Umlaufbahnen aufzugeben und stattdessen Ellipsen zu übernehmen.

3. Harmonices Mundi (1619): In diesem Buch untersuchte Kepler die Idee, dass das Universum von mathematischer Harmonie beherrscht wird. Hier formulierte er sein drittes Gesetz der Planetenbewegung und verband die Sphärenmusik mit der Himmelsmechanik.

4. Optik und Sehen: Kepler leistete auch wichtige Beiträge zur Optik. In seinem Buch „Astronomiae Pars Optica" (1604) erklärte er die Funktionsweise des menschlichen Auges und beschrieb die Bildentstehung auf der Netzhaut. Er untersuchte außerdem die Lichtbrechung und verbesserte das Design von Teleskopen, was zur Weiterentwicklung der beobachtenden

Astronomie beitrug.

5. Rudolfinische Tafeln (1627): Kepler stellte die Rudolfinischen Tafeln zusammen, einen Stern- und Planetenkatalog, der jahrzehntelang zum Standardwerk der Astronomen wurde. Diese Tafeln basierten auf Tycho Brahes Beobachtungen und Keplers Gesetzen und ermöglichten so genaue Vorhersagen der Himmelsbewegungen.

Keplers Erbe

Johannes Kepler starb 1630 in Regensburg, nachdem er sein Leben der Wissenschaft gewidmet hatte. Sein Werk hatte einen tiefgreifenden und nachhaltigen Einfluss:

Grundlagen der Himmelsmechanik: Keplers Gesetze bildeten die Grundlage für Isaac Newtons Gravitationstheorie. Ohne Keplers Arbeit wäre Newton nicht in der Lage gewesen, seine eigenen Bewegungs- und Gravitationsgesetze zu formulieren.

Bestätigung des Heliozentrismus: Keplers Entdeckungen bekräftigten das heliozentrische Modell von Kopernikus und trugen zur Festigung der wissenschaftlichen Revolution bei.

Einfluss auf die Naturphilosophie: Kepler zeigte, dass das Universum durch Mathematik und Beobachtung verstanden werden kann, und inspirierte Generationen von Wissenschaftlern dazu, nach universellen Naturgesetzen zu suchen.

Johannes Kepler war eines der größten Genies der Wissenschaftsgeschichte, dessen Werk Astronomie und Physik revolutionierte. Seine drei Gesetze der Planetenbewegung beschrieben nicht nur den Kosmos mit beispielloser Genauigkeit, sondern ebneten auch den Weg für unser modernes Verständnis des Universums. Kepler gilt bis heute als wissenschaftlicher Pionier, dessen Suche nach der mathematischen Harmonie des Kosmos Wissenschaftler und Denker weltweit inspirierte und bis heute inspiriert.

KAPITEL 12: GALILEO GALILEI
– DER BOTE DER STERNE

Galileo Galilei (1564–1642) war eine tragende Säule der wissenschaftlichen Revolution. Seine Beobachtungen und Entdeckungen veränderten unser Verständnis des Kosmos. Bekannt als „Vater der modernen Wissenschaft", perfektionierte er nicht nur das Teleskop und nutzte es zur Erforschung des Himmels, sondern verteidigte auch mutig Kopernikus' heliozentrisches Weltbild gegen den Widerstand der katholischen Kirche. Seine Entdeckungen und sein Vermächtnis inspirieren bis heute Wissenschaftler und Denker weltweit.

Galileo Galilei wurde am 15. Februar 1564 in Pisa, Italien, geboren. Als Sohn eines Musikers und Musiktheoretikers studierte er zunächst Medizin an der Universität Pisa, interessierte sich aber bald für Mathematik und Physik. 1589 wurde er Professor für Mathematik in Pisa und später in Padua, wo er einen Großteil seiner wissenschaftlichen Arbeit leistete.

Galilei lebte in einer Zeit intensiven intellektuellen Wandels, als die Ideen von Kopernikus und Kepler begannen, das geozentrische Weltbild in Frage zu stellen. Die katholische Kirche, die das aristotelisch-ptolemäische Modell vertrat, begegnete diesen neuen Ideen jedoch mit Misstrauen und Feindseligkeit.

DIE GESCHICHTE DER ASTRONOMIE

Wissenschaftliche Beiträge

Galilei leistete in mehreren Wissenschaftsbereichen revolutionäre Beiträge, ist aber vor allem für seine astronomischen Entdeckungen und seine Verteidigung des Heliozentrismus bekannt. Die wichtigsten Aspekte seiner Arbeit werden im Folgenden näher erläutert:

Zeichnungen des Mondes, die Galileo im Winter 1609-1610 angefertigt hat

1. Die Verwendung des Teleskops: Obwohl er nicht der Erfinder des Teleskops war, war Galilei der Erste, der es systematisch zur Himmelsbeobachtung einsetzte. Er verbesserte das Instrument, erhöhte die Vergrößerung auf über das Zwanzigfache und

veröffentlichte seine Erkenntnisse 1610 in seinem Buch „Sidereus Nuncius" („Sternenbote"). Dieses Werk markierte den Beginn der teleskopischen Astronomie.

2. Jupitermonde: Galilei entdeckte vier Monde, die den Jupiter umkreisen (Io, Europa, Ganymed und Kallisto), die er zu Ehren seines Schutzpatrons, des Großherzogs der Toskana, „Mediceische Sterne" nannte. Diese Entdeckung war von entscheidender Bedeutung, da sie zeigte, dass nicht alle Himmelskörper die Erde umkreisen, was das geozentrische Modell direkt in Frage stellte.

3. Die Phasen der Venus: Galilei beobachtete, dass die Venus ähnliche Phasen wie der Mond aufwies, von der Sichel bis zum Vollmond. Dies ließe sich nur erklären, wenn die Venus die Sonne und nicht die Erde umkreiste, was ein überzeugender Beweis für das heliozentrische Weltbild wäre.

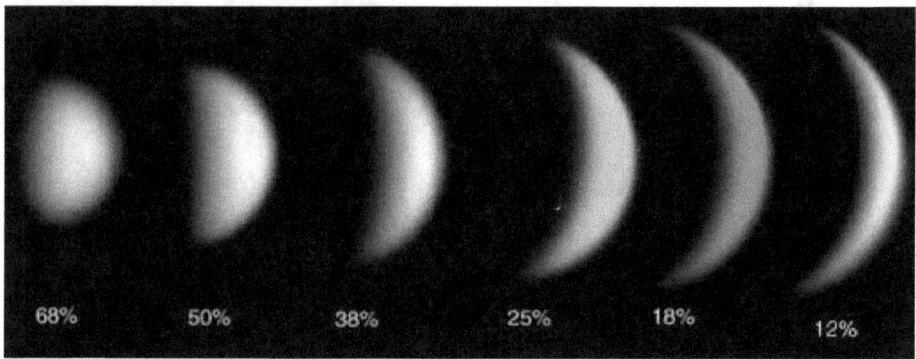

Phasen der Venus.

4. Die Mondoberfläche: Durch die Beobachtung des Mondes entdeckte Galilei, dass seine Oberfläche nicht glatt und perfekt war, wie die aristotelische Kosmologie behauptete, sondern unregelmäßig und von Kratern und Bergen durchzogen. Diese Entdeckung erschütterte die Vorstellung eines unveränderlichen und perfekten Himmels.

5. Sonnenflecken: Galilei untersuchte Sonnenflecken und zeigte, dass die Sonne kein kristalliner, unveränderlicher Körper ist,

sondern ein dynamischer mit einer flüssigen, rotierenden Oberfläche. Er maß auch die Rotationsperiode der Sonne, die zwischen 25 Tagen am Äquator und 31 Tagen an den Polen variierte.

6. Die Milchstraße: Galileo stellte fest, dass die Milchstraße aus einer immensen Anzahl von Sternen besteht, was die Vorstellung in Frage stellte, dass es sich dabei um einen Nebel oder eine diffuse Region des Himmels handele.

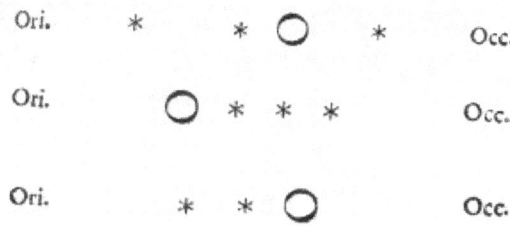

Durch systematische Beobachtung der Galileischen Monde des Jupiters gelangte Galilei zu dem Schluss, dass sie sich um den Jupiter bewegten.

Der Konflikt mit der Kirche

Galileis Entdeckungen brachten ihn in direkten Konflikt mit der katholischen Kirche, die das geozentrische Weltbild als Teil ihrer Lehre hochhielt. 1616 erklärte die Inquisition die heliozentrische Theorie für „falsch und im Widerspruch zur Heiligen Schrift" und Galilei wurde gewarnt, sie nicht öffentlich zu verteidigen.

1632 veröffentlichte Galilei jedoch den „Dialog über die beiden wichtigsten Weltsysteme", in dem er das geozentrische und das heliozentrische Weltbild anhand einer Debatte zwischen drei Personen verglich: Salviati (Vertreter Galileis), Sagredo (ein neutraler Zuhörer) und Simplicio (ein Verteidiger des Geozentrismus). Das Buch wurde als Verteidigung des Heliozentrismus interpretiert, und Galilei wurde nach Rom zitiert, um dort von der Inquisition vor Gericht gestellt zu werden.

1633 wurde Galilei wegen „heftiger Ketzereiverdachts" verurteilt und gezwungen, seinen Glauben zu widerrufen. Er wurde zu lebenslanger Haft unter Hausarrest verurteilt, doch der Legende nach murmelte er nach seinem Abschwören: „Eppur si moove!" (Und doch bewegt sie sich!), womit er die Erde meinte.

Galilei starb am 8. Januar 1642 in Arcetri, Italien, doch sein Erbe lebte weiter. Seine wissenschaftlichen Entdeckungen und Methoden beeinflussten Generationen von Wissenschaftlern, darunter auch Isaac Newton, der sich bei der Formulierung seiner Bewegungs- und Gravitationsgesetze auf Galileis Arbeiten stützte.

Galilei ist auch für sein Eintreten für Beobachtung und Experiment als Grundlage der Wissenschaft bekannt. Er glaubte, dass die Natur durch Mathematik und empirische Beweise erforscht werden sollte, nicht durch Dogma oder Autorität. Dieser Ansatz machte ihn zu einem der Begründer der modernen Wissenschaft.

Cover des Buches Sidereus Nuncius.

Cover des Buches „Dialog des Weltsystems".

Galileo Galilei war einer der größten Wissenschaftler der Geschichte, dessen Werk Astronomie und Physik revolutionierte. Seine teleskopischen Entdeckungen, seine Verteidigung des Heliozentrismus und seine Auseinandersetzung mit der katholischen Kirche machten ihn zu einem Symbol des Kampfes um geistige Freiheit und der Suche nach Wahrheit. Galileo gilt bis heute als Pionier der modernen Wissenschaft, dessen Erbe die Erforschung des Universums und die Verteidigung des kritischen Denkens inspiriert.

DIE GESCHICHTE DER ASTRONOMIE

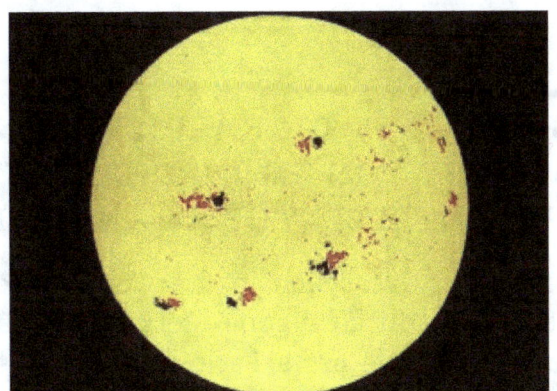

Magnetogramm der Sonne, das die Regionen mit der höchsten Sonnenfleckenhäufigkeit zeigt.

KAPITEL 13: DIE KARRIERE VON ISAAC NEWTON: EINE BIOGRAFISCHE UND INTELLEKTUELLE ANALYSE

Isaac Newtons Leben lässt sich in drei verschiedene Perioden einteilen, die jeweils durch eigene Merkmale und Leistungen gekennzeichnet sind. Die erste Periode umfasst seine Jugend und Adoleszenz von 1643 bis zu seiner Berufung an eine Universität im Jahr 1669. Die zweite Periode von 1669 bis 1687 entspricht seiner produktiven Tätigkeit als Lucasianischer Professor in Cambridge, einem hoch angesehenen Lehrstuhl, der in jüngerer Zeit von Stephen Hawking innegehabt wurde. Die dritte Periode, die in etwa der Dauer der beiden vorherigen zusammen entspricht, sah Newton als Regierungsbeamten in London mit einem hohen Gehalt, aber geringem Interesse an mathematischer Forschung.

Isaac Newton wurde in Woolsthorpe Manor, nahe Grantham, Lincolnshire, geboren. Obwohl er nach dem damals geltenden Kalender am Weihnachtstag 1642 geboren wurde, entspricht der 4. Januar 1643 dem entsprechenden Datum im Gregorianischen Kalender, der in England erst 1752 eingeführt wurde.

Newton stammte aus einer Bauernfamilie, lernte seinen Vater, ebenfalls Isaac Newton, jedoch nie kennen. Er starb im Oktober 1642, drei Monate vor der Geburt seines Sohnes. Isaacs Vater besaß zwar Land und Vieh und war daher wohlhabend, doch er war Analphabet und konnte nicht selbst unterschreiben.
Isaacs Mutter, Hannah Ayscough, heiratete Barnabas Smith, einen Pfarrer aus dem nahegelegenen Dorf North Witham, als Isaac zwei Jahre alt war. Das Mädchen kam daraufhin in die Obhut ihrer Großmutter, Margery Ayscough, in Woolsthorpe. Isaac wuchs als Waise auf und hatte keine glückliche Kindheit.

Sein Großvater, James Ayscough, wurde von Isaac nie erwähnt, und die Tatsache, dass er seinem Enkel in seinem Testament, das er im Alter von zehn Jahren verfasste, nichts vermachte, deutet darauf hin, dass zwischen den beiden keine Zuneigung bestand.

Es ist offensichtlich, dass Isaac Groll gegen seine Mutter und seinen Stiefvater Barnabas Smith hegte. Als Isaac im Alter von neunzehn Jahren seine Sünden untersuchte, nannte er als eine davon die Drohung, seinen Vater und seine Mutter Smith in ihrem Haus zu verbrennen.

Nach dem Tod seines Stiefvaters im Jahr 1653 kam Isaac Newton in einen Haushalt mit komplexen Familienverhältnissen, bestehend aus seiner Mutter, seiner Großmutter, einem Halbbruder und zwei Halbschwestern. Während dieser Zeit besuchte Newton die Grantham Grammar School. Trotz der Nähe ihrer Wohnorte zog er zur Familie Clark nach Grantham. Seine anfänglichen schulischen Leistungen scheinen jedoch unbefriedigend gewesen zu sein. In einem Schulzeugnis wurde er als „faul" und „unaufmerksam" beschrieben. Seine Mutter, die inzwischen über beträchtliche finanzielle Mittel und Besitz verfügte, glaubte, ihr ältester Sohn sei die ideale Person für die Verwaltung ihres Geschäfts und Vermögens. Isaac zeigte nach seinem Schulabbruch mangelndes Interesse und mangelnde Begabung für die Vermögensverwaltung.
Auf Drängen seines Onkels William Ayscough wurde beschlossen, dass Isaac sich auf die Universität vorbereiten sollte. Er kehrte 1660 an die Grammar School in Grantham zurück, um seine Ausbildung abzuschließen. Diesmal blieb er bei Stokes, dem Schulleiter. Trotz Anzeichen dafür, dass er zuvor keine akademischen Qualitäten gezeigt hatte, muss Isaac sein Umfeld davon überzeugt haben, dass er die Fähigkeiten für eine akademische Laufbahn besaß.

Es gibt Hinweise darauf, dass Stokes auch Newtons Mutter davon überzeugte, ihm den College-Besuch zu erlauben. Wahrscheinlich zeigte er bereits im ersten Semester mehr

Talent, als das Zeugnis vermuten lässt.

Es gibt keine genauen Informationen darüber, was Newton in seiner Vorbereitung auf die Universität lernte, aber Stokes war ein fähiger Mann und gab ihm sicherlich guten Privatunterricht. Es gibt keine Beweise dafür, dass er die gesamte Mathematik lernte, aber wir können die Möglichkeit nicht ausschließen, dass Stokes ihn mit Euklids Elementen bekannt machte, die er unterrichten konnte. Es gibt jedoch Hinweise darauf, dass Newton Euklid erst 1663 las. Es gibt viele Geschichten über seine mechanischen Fähigkeiten, insbesondere im Bau von Modellen von Maschinen wie Uhren und Windmühlen. Bei der Recherche von Informationen über berühmte Personen besteht jedoch immer die Tendenz, dass die Leute das sagen, was ihrer Meinung nach von ihnen erwartet wird. Diese Geschichten könnten später von denen erfunden worden sein, die glaubten, der berühmteste Wissenschaftler der Welt hätte diese Fähigkeiten in der Schule besitzen sollen.

Newton wurde am 5. Juni 1661 am Trinity College in Cambridge aufgenommen. Er war älter als die meisten seiner Kommilitonen, doch trotz der wohlhabenden Mutter wurde er als Fellow aufgenommen. Ein Fellow in Cambridge war ein Student, der ein Stipendium der Universität erhielt und dafür als Diener anderer Studenten arbeitete. Sein Status als Sizar ist nicht eindeutig, da er offenbar eher mit den „Studenten der Oberschicht" als mit den anderen Sizaren verkehrte. Es wurde vermutet, dass Newton Humphrey Babington, einen entfernten Verwandten, als Arbeitgeber hatte. Diese plausible Erklärung zeigt, dass seine Mutter ihn nicht unnötiger Arbeit ausgesetzt hätte, wie Biographen behaupten.

Newtons Ziel in Cambridge war ein Jurastudium. Die Lehre in Cambridge war von der Philosophie des Aristoteles geprägt, doch im dritten Studienjahr wurde ihm ein gewisses Maß an Freiheit gewährt. Newton studierte die Philosophie von Descartes, Gassendi, Hobbes und insbesondere Boyle. Galileis

Mechanik der kopernikanischen Astronomie gefiel ihm, und er studierte auch Keplers System. Seine Gedanken hielt er in einem Buch mit dem Titel „Quaestiones Quaedam Philosophicae" (Einige philosophische Fragen) fest. Es ist ein faszinierender Beleg dafür, wie Newtons Ideen bereits um 1664 Gestalt annahmen. Er beginnt den Text mit dem Satz „Platon ist mein Freund, Aristoteles ist mein Freund, aber mein bester Freund ist die Wahrheit" und offenbart damit einen Freidenker auf einem fortgeschrittenen Niveau.

Es ist heute mehr oder weniger klar, wie Newton sich mit den fortschrittlichsten mathematischen Texten seiner Zeit vertraut machte. Laut de Moivre begann Newtons Interesse an der Mathematik im Herbst 1663, als er auf einer Messe in Cambridge ein Buch über Astronomie kaufte und feststellte, dass er die darin enthaltenen mathematischen Inhalte nicht verstand. Beim Versuch, ein Buch über Trigonometrie zu lesen, stellte er fest, dass ihm Geometriekenntnisse fehlten, und beschloss, Euklids Elemente zu lesen.

Anschließend wandte er sich Oughtreds Clavis Mathematica und Descartes' La Géométrie zu. Er las Viètes neues Werk Algebra und analytische Geometrie, das 1646 veröffentlicht wurde. Ein weiteres wichtiges mathematisches Werk, das er zu dieser Zeit studierte, war Schootens kurz zuvor veröffentlichte Geometrie à Des Cartes, die zwischen 1659 und 1661 in zwei Bänden erschien. Das Buch enthielt wichtige Anhänge von drei Schülern Van Schootens: Jan de Witt, Johan Hudde und Hendrick van Heuraet. Newton studierte auch Wallis' Algebra, und es scheint, dass seine erste originelle mathematische Arbeit aus dem Studium dieses Buches entstand. Er las Wallis' Methode zur Berechnung eines Quadrats mit der Fläche einer Parabel und einer Hyperbel unter Verwendung von Unteilbaren. Newton machte sich Notizen zu Wallis' Behandlung von Reihen, bereitete aber auch eigene Beweise für Theoreme vor. Er schrieb an den Rand: „... also hat Wallis es getan, aber so könnte es auch getan werden ..."

Man könnte meinen, Newtons Talent habe sich mit Barrows Ankunft als Lucasianer in Cambridge im Jahr 1663 zu entfalten begonnen. Sicherlich fällt dieses Datum mit dem Beginn von Newtons intensiven mathematischen Studien zusammen. Es scheint jedoch, dass das Datum 1663 reiner Zufall ist und Barrow das mathematische Genie seiner Studenten erst wenige Jahre später erkannte.

Obwohl einige Hinweise darauf hindeuten, dass seine Fortschritte nicht besonders gut waren, erhielt Newton im April 1665 seinen Abschluss. Sein wissenschaftliches Genie schien sich noch nicht zu entfalten, doch es geschah plötzlich, als im Sommer desselben Jahres eine Pest die Universität schloss und er nach Lincolnshire zurückkehren musste. Dort begann er innerhalb von weniger als zwei Jahren, als er noch keine 25 Jahre alt war, bahnbrechende Arbeiten in den Bereichen Mathematik, Optik, Physik und Astronomie vorzulegen.

Die Entstehung eines Genies: Infinitesimalrechnung, Optik und Gravitation in Newtons Reise
Während seiner Zeit der häuslichen Isolation legte Newton die Grundlagen der Differential- und Integralrechnung, Jahre vor ihrer unabhängigen Entdeckung durch Leibniz. Seine „Methode der Fluxionen", wie er sie nannte, basierte auf der grundlegenden Idee, dass die Integration einer Funktion lediglich die Umkehroperation der Differenzierung ist. Indem er die Differenzierung als grundlegende Operation analysierte, entwickelte Newton einfache analytische Methoden, die mehrere zuvor entwickelte Techniken zur Lösung scheinbar unterschiedlicher Probleme vereinten, wie etwa die Bestimmung von Flächen, Tangenten, Kurvenlängen sowie Maxima und Minima von Funktionen. Sein 1671 verfasstes Werk „Methodis Serierum et Fluxionum" wurde erst 1736 nach der englischen Übersetzung von John Colson veröffentlicht.

Nach der Wiedereröffnung der Universität Cambridge nach der

Pest 1667 bewarb sich Newton um eine Stelle am Trinity College und wurde im Oktober zum Assistenten gewählt. Nach seinem Master-Abschluss stieg er im Juli 1668 zum Professor auf, was ihm erlaubte, am Tisch der Professoren zu speisen. Im Juli 1669 schickte Barrow, um Newtons mathematische Fortschritte bekannt zu machen, den Text De Analysi an Collins nach London. Darin erwähnte er, dass Newton allgemeine Methoden zur Berechnung von Größendimensionen und zum Lösen von Gleichungen entwickelt hatte. Collins machte Newtons Arbeit unter den führenden Mathematikern der Zeit bekannt, was zu einer raschen Anerkennung ihres Wertes führte. Collins zeigte Newtons Ergebnisse Brounker, dem Präsidenten der Royal Society, mit dessen Erlaubnis. Newton verlangte daraufhin die Rückgabe seines Manuskripts, was Collins daran hinderte, Sluze und Gregory die Arbeit angemessen zu erläutern.

1669 trat Barrow als Professor für Lucasianismus zurück und empfahl Newton an seiner Stelle. Danach besuchte Newton London zweimal und traf sich mit Collins, doch wie er Gregory schrieb, fühlte er sich nicht wohl dabei, ihn zu Veröffentlichungen zu drängen.

Newtons erste Arbeit als Lucasischer Professor war eine Vorlesung über Optik, die er im Januar 1670 begann. Während der Pestjahre gelangte er zu dem Schluss, dass weißes Licht kein einfaches Gebilde sei. Alle Wissenschaftler seit Aristoteles glaubten, weißes Licht sei ein einzelnes Grundgebilde, doch die chromatische Aberration in einer Teleskoplinse überzeugte Newton vom Gegenteil. Indem er einen dünnen Sonnenstrahl durch ein Glasprisma schickte, beobachtete er das resultierende Farbspektrum. Er argumentierte, weißes Licht sei eigentlich ein Gemisch verschiedener Strahlungsarten, die bei der Brechung leicht unterschiedliche Brechungswinkel aufweisen und so unterschiedliche Spektralfarben erzeugen. Daraus schloss er, dass Linsen immer chromatische Aberration aufweisen, und schlug das Spiegelteleskop vor.

1672 wurde Newton in die Royal Society aufgenommen, nachdem er der Institution ein Spiegelteleskop präsentiert hatte. Später im selben Jahr veröffentlichte er seine erste Arbeit über Licht und Farbe in den Philosophical Transactions of the Royal Society. Die Arbeit fand allgemein großen Anklang, doch Hooke und Huygens lehnten Newtons Versuch ab, experimentell nachzuweisen, dass Licht korpuskularer und nicht wellenförmiger Natur ist. Diese Resonanz ermutigte Newton nicht, die Ergebnisse seiner Arbeit vorzustellen. Er wurde ständig von zwei Seiten beeinflusst. Einerseits strebte er nach Ruhm und Anerkennung, andererseits mochte er keine Kritik, und die Nichtveröffentlichung war der einfachste Weg, ihr zu entgehen.

Man kann mit Sicherheit sagen, dass seine Reaktion auf Kritik irrational war und sein Bedürfnis, Hooke für seine Meinung öffentlich zu demütigen, unnormal. Trotz Hookes Widerstand, vielleicht aufgrund von Newtons bereits hohem Ansehen, setzte sich die Korpuskulartheorie durch, bis die Wellentheorie im 19. Jahrhundert wiederbelebt wurde.

Newtons Beziehungen zu Hooke verschlechterten sich weiter, als Hooke 1675 behauptete, Newton habe einige seiner optischen Ergebnisse gestohlen. Obwohl sich die beiden Männer nach einem höflichen Briefwechsel wieder versöhnten, zog sich Newton zurück und distanzierte sich von der Royal Society, da er Hooke als einen ihrer führenden Köpfe betrachtete. Er verzögerte die Veröffentlichung einer Reihe von Forschungsarbeiten zur Optik bis nach Hookes Tod im Jahr 1703. Das Buch „Optikks" erschien 1704. Um einige der Ergebnisse zu erklären, musste er eine Wellentheorie in Verbindung mit der Korpuskulartheorie verwenden.

- Isaac Newton analysiert die spektrale Zusammensetzung von weißem Licht

Newtons größte Errungenschaft in Physik und Himmelsmechanik liegt jedoch in seiner Theorie der universellen Gravitation. Bereits 1666 hatte Newton vorläufige Versionen seiner drei Bewegungsgesetze. Er hatte auch das Gesetz zur Beschreibung der Zentrifugalkraft bei gleichmäßiger Kreisbewegung entdeckt. Seine Interpretation der Kreisbewegungsmechanik war jedoch immer noch nicht korrekt. Newtons innovative Idee bestand 1666 darin, sich vorzustellen, dass die Schwerkraft der Erde die Bewegung des Mondes beeinflusst und seiner Zentrifugalkraft entgegenwirkt. Basierend auf seinem Zentrifugalkraftgesetz und Keplers drittem Gesetz der Planetenbewegung entwickelte Newton das inverse Quadratgesetz der Entfernung. 1679 korrespondierte Newton mit Hooke, der ihm schrieb: „... dass die Anziehungskraft immer doppelt so groß ist wie das Verhältnis zum reziproken Zentrum ..."

Der Höhepunkt der Newtonschen Mechanik: vom Briefwechsel mit Hooke bis zur Veröffentlichung der Principia

Nach einem Briefwechsel mit Hooke im Jahr 1679 entwickelte Newton unabhängig davon einen Beweis dafür, dass Keplers Flächengesetz eine Folge der Zentripetalkräfte war. Er zeigte außerdem, dass, wenn die Bahnkurve eine Ellipse unter der Einwirkung einer Zentralkraft wäre, die Kraft vom Quadrat des

Abstands vom Zentrum abhängen würde. Diese Entdeckung bestätigte Keplers Zweites Gesetz.

1684 diskutierten drei Mitglieder der Royal Society, Sir Christopher Wren, Robert Hooke und Edmond Halley, darüber, ob die elliptischen Umlaufbahnen der Planeten das Ergebnis einer auf die Sonne gerichteten Gravitationskraft sein könnten, deren Intensität umgekehrt proportional zum Quadrat der Entfernung ist. Halley berichtete, Hooke habe zwar behauptet, die Lösung zu kennen, wolle sie aber zunächst geheim halten, damit auch andere, die es bereits versucht und vergeblich versucht hatten, die Entdeckung nach ihrer Veröffentlichung besser würdigen könnten.

Im selben Jahr fragte Halley Newton, wie die Umlaufbahn eines Körpers unter der Einwirkung einer Kraft mit dem Abstandsgesetz des Quadrats der Entfernung aussehen würde. Newton antwortete umgehend, dass es sich um eine Ellipse handeln würde. Obwohl er die Beweisunterlagen nicht finden konnte, teilte er Halley mit, dass er dieses Problem bereits vier Jahre zuvor gelöst hatte. In De Motu findet sich jedoch nur der umgekehrte Beweis. Der Beweis, dass Kräfte, die dem Abstandsgesetz des Quadrats der Entfernung gehorchen, Umlaufbahnen von Kegelschnitten implizieren, findet sich in Spalte 1 von Proposition 13 in Buch 1 der Principia, jedoch nicht in der Erstausgabe.

Drei Monate später schickte Newton Halley eine Demonstration der Bahnform unter dem Einfluss einer Kraft, die umgekehrt proportional zum Quadrat der Entfernung ist. Halley überredete Newton, eine umfassende Abhandlung seiner neuen Physik zu verfassen. Ein Jahr später, 1687, veröffentlichte Newton seine „Philosophiae Naturalis Principia Mathematica", kurz „Principia", wie sie allgemein genannt wird.

In den Principia formulierte Newton erstmals die drei Bewegungsgesetze, die heute als Newtonsche Gesetze bekannt sind:

1. Erstes Gesetz (Trägheitsgesetz): Ein Körper bleibt in Ruhe oder in gleichmäßiger geradliniger Bewegung, sofern keine Kraft auf ihn einwirkt oder die Resultierende der auf ihn einwirkenden Kräfte Null ist.
2. Zweiter Hauptsatz (Grundsatz der Dynamik): Die Beschleunigung eines Körpers ist proportional zur resultierenden Kraft, die auf ihn einwirkt, wobei die Masse des Körpers die Proportionalitätskonstante ist ($F = ma$).
3. Drittes Gesetz (Gesetz von Aktion und Reaktion): Wenn ein Körper eine Kraft auf einen anderen ausübt, übt der zweite Körper auf den ersten eine Kraft gleicher Intensität aus, jedoch in die entgegengesetzte Richtung.

Die Principia gelten als der einflussreichste wissenschaftliche Text aller Zeiten. Newton analysierte die Bewegung von Körpern mit und ohne Reibung unter Einwirkung von Zentripetalkräften. Seine Ergebnisse wurden auf umlaufende Körper, Projektile, Pendel und Körper im freien Fall in Erdnähe angewendet. Er zeigte auch, dass die Planeten mit einer Kraft von der Sonne angezogen werden, die umgekehrt proportional zum Quadrat der Entfernung ist, und verallgemeinerte diese Demonstration auf alle Himmelskörper, die sich gegenseitig anziehen.

Das zentrale Thema der Principia war die Universalität der Gravitationskraft. Darin begründete Newton das Gravitationsgesetz. Dieses besagt, dass alle Materie alle andere Materie mit einer Kraft anzieht, die proportional zum Produkt der beiden Massen und umgekehrt proportional zum Quadrat der Entfernung zwischen ihnen ist. Dieses Gesetz lässt sich durch die folgende Gleichung ausdrücken:

$$F_g = G\frac{m_1 m_2}{r^2}$$

Dabei sind m1 und m2 die Massen der beiden Körper, die sich gegenseitig durch Gravitation anziehen, r der Abstand zwischen den Mittelpunkten der beiden Körper und G die universelle Gravitationskonstante.

Es ist nicht ganz klar, wie er zu dem Gesetz selbst gelangte, aber die folgende Demonstration kann einen wahrscheinlichen Annäherungsversuch darstellen.

Newton entdeckte, dass die Zentripetalbeschleunigung (Beschleunigung, die auf den Krümmungsmittelpunkt gerichtet ist) von Körpern gegeben ist durch $a = v^2/r$, ein Beobachtungsbefund, der bereits von Christian Huygens veröffentlicht worden war.

Wenn wir diese Beziehung mit Newtons zweitem Gesetz verknüpfen, erhalten wir, dass ein Planet mit der Masse *M* etro, die sich mit großer Geschwindigkeit um die Sonne bewegt *v* in einem Kreis mit Radius *Z* u wird unterrichtet von...

$$F_g = ma = m\frac{v^2}{r}$$

Wenn man bedenkt, dass der Kreis einen Umfang von 2 hat*π Z* u, dessen Weg eine Periode T dauert, da die Geschwindigkeit die pro Zeitintervall zurückgelegte Strecke ist, haben wir

$$F_g = m\frac{v^2}{r} = m\frac{\left(\frac{2\pi r}{T}\right)^2}{r} = m\frac{4\pi^2 r^2}{T^2 r}$$

Multiplizieren und Dividieren mit *Z* u du bekommst

$$F_g = m\frac{4\pi^2}{r^2} \times \frac{r^3}{T^2}$$

In welchem *r*3/*T*2 ist die Konstante *Z* u des dritten Keplerschen Gesetzes.

Daher wäre für jeden Planeten, der die Sonne umkreist, die von der Sonne ausgeübte Gravitationskraft

$$F_g = \frac{4\pi^2 m}{r^2} \times k$$

$$F_g = 4\pi^2 k \frac{m}{r^2}$$

In welchem *Metro* ist die Masse des Planeten, *Zu* ist die durchschnittliche Entfernung des Planeten zur Sonne und *Zu* ist die Kepler-Konstante für das Sonnensystem.

Lassen Sie uns multiplizieren und dividieren durch die Masse der Sonne (*METRO*). Sie erhalten

$$F_g = \frac{4\pi^2 k}{M} \frac{mM}{r^2}$$

Definieren einer Konstanten

$$G = \frac{4\pi^2 k}{M}$$

Wir sind angekommen in...

$$F_g = G \frac{mM}{r^2}$$

Wie aus dem Beweis hervorgeht, wäre der Ausdruck nur für Körper gültig, die die Sonne umkreisen, da die Konstante G die Sonnenmasse und die Kepler-Konstante für Planeten, die die Sonne umkreisen, beinhaltet. Newton muss gedacht haben, dass das Verhältnis zwischen der Kepler-Konstante für jedes System und der Masse des Zentralkörpers wahrscheinlich an sich konstant wäre, und versuchte, es auf alle Körper zu verallgemeinern. Aber wie und warum?

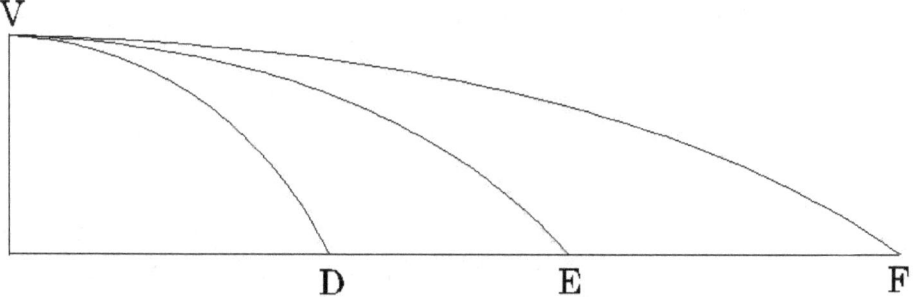

Parabolische Flugbahnen von horizontal abgefeuerten Projektilen mit unterschiedlichen Anfangsgeschwindigkeiten.

Der Legende nach sah Newton in seinem Garten in Lincolnshire einen Apfel fallen und dachte über die Anziehungskraft zur Erde nach. Er schlussfolgerte, dass dieselbe Kraft, die den Apfel fallen ließ, bis zum Mond reichen könnte. Er kannte Galileis Arbeiten über Projektile und vermutete, dass die Bewegung des Mondes eine natürliche Erweiterung dieser Theorie sein könnte. Um dies zu verstehen, stellen Sie sich einen Revolver vor, der ein Projektil horizontal von einem Berggipfel abfeuert. Stellen Sie sich vor, dass immer mehr Schießpulver verwendet wird, wodurch die Anfangsgeschwindigkeit des Geschosses immer weiter zunimmt.

Die parabolischen Flugbahnen werden zunehmend flacher. Stellt man sich den Berg als hoch genug vor, um die Reibung zu vernachlässigen, und die Kanone als stark genug, „wird der Aufschlagpunkt schließlich so weit entfernt sein, dass wir bei der Bestimmung der Flugbahnkrümmung die Erdkrümmung berücksichtigen müssen." Tatsächlich ist die Situation noch drastischer, da die Erdkrümmung dazu führen könnte, dass das Projektil nie den Boden erreicht. Dies wurde von Newton in seinem Buch Principia anhand des folgenden Diagramms vorhergesagt: Der Gipfel des Berges V muss deutlich über der Erdatmosphäre liegen, und mit einer entsprechenden Anfangsgeschwindigkeit umkreist das Projektil die Erde auf einer kreisförmigen Flugbahn. Tatsächlich ist die Erdkrümmung so beschaffen, dass die Oberfläche im Vergleich zu einer am betrachteten Startpunkt angelegten horizontalen

DIE GESCHICHTE DER ASTRONOMIE

Oberfläche auf den ersten 8 km etwa fünf Meter abfällt.

Wie aus der Kinetik Galileis bekannt ist, wird die vertikale Distanz, die während des Falls eines Basses zurückgelegt wird, der mit einer vertikalen Komponente der Geschwindigkeit Null beginnt (Ruhezustand oder horizontaler Abschuss), durch den Ausdruck angegeben: wobei *Gramm* ist die Erdbeschleunigung (ungefähr 10 m/s oder noch ungefährer 9,8 m/s) und *Er* Es handelt sich um die seit dem betrachteten ersten Zeitpunkt vergangene Zeit.

Daher fällt der Körper in der ersten Sekunde etwa fünf Meter, was bedeutet, dass ein Projektil, das horizontal mit einer Geschwindigkeit von 8000 m/s abgefeuert wird, nach einer Sekunde 8 km weiter horizontal auf derselben Höhe vorbeifliegt, und so weiter, Sekunde für Sekunde, was bedeuten würde, dass der Körper eine kreisförmige Umlaufbahn parallel zum Boden beschreibt.

$$y = \frac{1}{2}gt^2$$

Newton vermutete, dass die kreisförmige Flugbahn des Mondes leicht mit derselben Gravitationskraft erklärt werden könnte, die das vorherige Projektil in einer niedrigen Umlaufbahn halten konnte. Um dieses Konzept zu verdeutlichen, betrachten wir den Mond auf einer Flugbahn, die ab einem bestimmten Zeitpunkt von der Horizontalen abweicht, genau wie das vorherige Projektil. Die erste Frage ist, ob der Mond in der ersten Sekunde seiner Flugbahn 5 Meter fallen wird. Für Newton war dies nicht schwer zu bestimmen, da die Flugbahn des Mondes bereits gut bekannt war. Die Umlaufbahn des Mondes hat einen Radius von etwa 384.000 km (Umfang) und wird in 27,3 Tagen zurückgelegt, sodass die in einer Sekunde zurückgelegte Strecke etwa 1 Kilometer beträgt. Durch geometrische Berechnungen bedeutet dies, dass der Fall des Mondes in Bezug auf die Horizontale etwa 1,37 mm beträgt. Dies bedeutet, dass die Erdbeschleunigung des Mondes im

Verhältnis zu der Erdbeschleunigung dem Verhältnis 5000/1,37 entspricht, was ungefähr 3600 ergibt. Das heißt, die vom Mond wahrgenommene Beschleunigung ist 3600-mal geringer als die eines Apfels auf der Erdoberfläche. Da die Mondumlaufbahn etwa den 60-fachen Erdradius beträgt, scheint die Beziehung zwischen der Gravitationskraft eines Körpers auf der Erdoberfläche und der vom Mond wahrgenommenen durch das inverse Quadratgesetz der Entfernung bedingt zu sein. Die universelle Gravitationskonstante für den Mond, der die Erde umkreist, hätte die Form der Konstanten*GRAMM*genau den gleichen Wert, den man zuvor für die Planeten um die Sonne erhalten hat. Der Wert von*GRAMM*Es wurde akzeptiert, dass das durch die Messung erhaltene Ergebnis 6,67 x 10-11 m3kg-1s-2 mit den im SI dargestellten Einheiten beträgt.

$$G = \frac{4\pi^2 k}{m_T} \quad \text{com} \quad k = \frac{r_L^3}{T_L^2}$$

In seinen Principia erklärte Newton eine Vielzahl von Phänomenen, die zuvor nicht miteinander in Zusammenhang standen, wie Kometen, die Gezeiten und ihre Schwankungen, die Präzession der Erdachse und die Bewegung des Mondes aufgrund seiner Störung durch die Schwerkraft der Sonne. Diese Arbeit machte Newton zu einem international führenden Wissenschaftler. Wissenschaftler in Kontinentaleuropa lehnten die Idee der Fernwirkung ab und glaubten weiterhin an Descartes' Wirbeltheorie, der zufolge jeder Himmelskörper um sich herum Kräfte induzierte, die durch Kontakt wirkten. Dies verhinderte jedoch nicht die weltweite Bewunderung für die technische Qualität von Newtons Arbeit.

Jakob II. wurde am 6. Februar 1685 König von England. Er war 1669 zur römisch-katholischen Kirche konvertiert, genoss aber bei seiner Thronbesteigung die starke Unterstützung sowohl der Anglikaner als auch der Katholiken. Aufstände, die Jakob II. stürzen wollten, führten jedoch dazu, dass der König den Anglikanern misstraute und Schlüsselpositionen im Militär mit

Katholiken besetzte. Er ging sogar noch weiter und ernannte ausschließlich Katholiken zu Richtern und Staatsbeamten. Immer wenn eine Stelle in Oxford oder Cambridge frei wurde, ernannte der König einen Katholiken. Newton war Protestant und widersetzte sich vehement dem, was er als Angriff auf die Universität Cambridge betrachtete.

Als der König darauf bestehen wollte, einem Benediktinermönch einen akademischen Grad zu verleihen, ohne dass dieser irgendwelche Prüfungen ablegen oder Tests bestehen musste, schrieb Newton an den Vizekanzler: „Seien Sie mutig und standhaft in den Gesetzen, und Sie können nicht durchfallen."

Der Vizekanzler folgte Newtons Empfehlung und wurde seines Amtes enthoben. Newton protestierte weiterhin gegen den Fall und bereitete Dokumente vor, die der Universität zu ihrer Verteidigung dienen konnten. Inzwischen war Wilhelm von Oranien von vielen britischen Führern eingeladen worden, eine Armee aufzustellen, um nach England zu ziehen und Jakob II. zu besiegen. Er traf im November 1688 ein, und Jakob II. floh nach Frankreich, als er erfuhr, dass die Protestanten desertiert waren. Die Universität Cambridge wählte Newton, der inzwischen für seine entschiedene Verteidigung der Universität bekannt war, am 15. Januar 1689 zu einem ihrer beiden Mitglieder des Konventsparlaments. Später im selben Jahr verlieh das Parlament Wilhelm und Maria die Krone.

Ab 1689 nahm seine Forschungstätigkeit dramatisch ab. Nach einem Nervenzusammenbruch zog er sich 1693 endgültig aus der Forschung zurück; den Rest seines Lebens widmete er sich der Politik.

Newton wurde 1703 zum Präsidenten der Royal Society gewählt und bis zu seinem Tod Jahr für Jahr wiedergewählt. Bemerkenswert unter seinen Aktivitäten als Präsident der Royal Society ist sein Umgang mit dem Streit zwischen ihm und Leibniz darüber, wer der Vater der Differentialrechnung sei. Newton soll eine „unparteiische" Kommission eingesetzt haben und verfasste deren Abschlussbericht (obwohl sein Name darin offensichtlich nicht erscheint). Er verfasste auch einen anonymen Artikel zu diesem Thema, der in den Philosophical Transactions of the Royal Society veröffentlicht wurde.

Er wurde 1705 von Königin Anne zum Ritter geschlagen und war der erste Wissenschaftler, dem diese Ehre zuteil wurde. Er starb am 20. März 1727 in Kensington, Middlesex, und wurde in der Westminster Abbey begraben.

KAPITEL 14: ALBERT EINSTEIN – DER VISIONÄR DER MODERNEN PHYSIK

Albert Einstein (1879–1955) war einer der größten Wissenschaftler der Geschichte. Seine revolutionären Ideen veränderten unser Verständnis von Raum, Zeit, Schwerkraft und Universum. Einstein, vor allem bekannt für seine Relativitätstheorie, leistete auch grundlegende Beiträge zur Quantenmechanik, Kosmologie und statistischen Physik. Seine unstillbare Neugier, seine ausgeprägte Intuition und seine Fähigkeit, über den Tellerrand hinauszublicken, machten ihn zu einer Ikone der Wissenschaft und Kultur des 20. Jahrhunderts. Dieses Kapitel untersucht Einsteins Leben, seine Entdeckungen und sein Vermächtnis und beleuchtet seinen nachhaltigen Einfluss auf Physik und Philosophie.

Albert Einstein wurde am 14. März 1879 in Ulm im Königreich Württemberg (heute Deutschland) geboren. Als Sohn des Kaufmanns Hermann Einstein und Pauline Koch wuchs er in einer jüdischen Mittelschichtfamilie auf. Schon in seiner Kindheit zeigte er eine ungewöhnliche Neugier und ein frühreifes Talent für Mathematik und Physik, obwohl er im traditionellen Bildungssystem, das er als starr und autoritär empfand, nicht besonders erfolgreich war.

1896 begann Einstein sein Studium an der Eidgenössischen Technischen Hochschule (ETH) in Zürich, wo er Physik und Mathematik studierte. Nach seinem Abschluss arbeitete er als Patentprüfer in Bern, eine Tätigkeit, die ihm die nötige Zeit ließ, um seine eigenen wissenschaftlichen Ideen zu entwickeln. In dieser Zeit veröffentlichte Einstein seine revolutionärsten Werke.

Wissenschaftliche Beiträge

Einsteins Beiträge erstrecken sich über mehrere Bereiche der

Physik, seine wichtigsten Entdeckungen liegen jedoch in der Relativitätstheorie, der Quantenmechanik und der Kosmologie. Die wichtigsten Aspekte seiner Arbeit werden im Folgenden näher erläutert:

1. Das Wunderjahr (1905): Im Jahr 1905 veröffentlichte Einstein vier bahnbrechende Arbeiten, die die Physik revolutionierten:

Der photoelektrische Effekt: Einstein erklärte den photoelektrischen Effekt mit der Annahme, dass Licht aus Teilchen besteht, die als „Quanten" (Photonen) bezeichnet werden. Für diese Arbeit erhielt er 1921 den Nobelpreis für Physik.

Brownsche Bewegung: Erklärt die zufällige Bewegung von Teilchen in einer Flüssigkeit und liefert Beweise für die Existenz von Atomen.

Spezielle Relativitätstheorie: Einstein schlug die spezielle Relativitätstheorie vor, die Raum und Zeit zu einem einzigen Konzept vereinte: der Raumzeit. Er formulierte auch die berühmte Gleichung ($E = mc^2$), die Masse und Energie in Beziehung setzt.

Äquivalenz von Masse und Energie: Einstein zeigte, dass Masse und Energie austauschbar sind, eine Idee, die die Kernphysik revolutionierte.

2. Die Allgemeine Relativitätstheorie (1915): 1915 veröffentlichte Einstein seine Allgemeine Relativitätstheorie, die die Gravitation als eine durch Masse und Energie verursachte Krümmung der Raumzeit beschreibt. Diese Theorie erklärte Phänomene wie die Präzession der Merkurbahn und sagte die Existenz von Schwarzen Löchern und Gravitationswellen voraus. Die Allgemeine Relativitätstheorie gilt als eine der größten intellektuellen Errungenschaften der Menschheit.

3. Kosmologie und das expandierende Universum: Einstein wandte die allgemeine Relativitätstheorie auf die Erforschung

des Universums als Ganzes an und trug so zur Entwicklung der modernen Kosmologie bei. Er schlug zunächst eine „kosmologische Konstante" vor, um das Universum statisch zu halten, verwarf diese Theorie jedoch später, als Edwin Hubble entdeckte, dass sich das Universum ausdehnt.

4. Quantenmechanik: Obwohl Einstein einer der Begründer der Quantenmechanik war, lehnte er die probabilistische Interpretation der Theorie ab und sagte: „Gott würfelt nicht mit dem Universum." Er schlug das EPR-Paradoxon (Einstein-Podolsky-Rosen) vor, um die Vollständigkeit der Quantenmechanik in Frage zu stellen, was zur Entwicklung des Konzepts der Quantenverschränkung führte.

5. Statistische Physik und Brownsche Bewegung: Einstein leistete wichtige Beiträge zur statistischen Physik, indem er die Brownsche Bewegung erklärte und experimentelle Beweise für die Existenz von Atomen lieferte.

Albert Einstein revolutionierte nicht nur die Physik, sondern wurde auch zu einer kulturellen Ikone und einem Verfechter von Frieden, sozialer Gerechtigkeit und geistiger Freiheit. Während des Zweiten Weltkriegs warnte er Präsident Franklin D. Roosevelt vor dem Potenzial von Atomwaffen, was zum Manhattan-Projekt führte. Nach dem Krieg wurde er jedoch ein leidenschaftlicher Verfechter der nuklearen Abrüstung und der internationalen Zusammenarbeit.

Einstein war auch ein Kritiker von Rassismus und Nationalismus. Als Jude wurde er von den Nazis verfolgt und emigrierte 1933 in die USA, wo er Professor am Institute for Advanced Study in Princeton wurde.

Albert Einstein war eines der größten Genies der Wissenschaftsgeschichte, dessen Werk unser Verständnis des Universums grundlegend veränderte. Seine Relativitätstheorien und seine Beiträge zur Quantenmechanik und Kosmologie legten den Grundstein für die moderne Physik. Neben seinen wissenschaftlichen Errungenschaften war Einstein Humanist und Friedensaktivist, dessen Vermächtnis bis heute Wissenschaftler, Philosophen und Bürger weltweit inspiriert. Er verkörperte das Streben nach Wissen und den Glauben an die Kraft der Vernunft und die menschliche Neugier.

KAPITEL 15: NIKOLA TESLA – DAS GENIE DER ELEKTRIZITÄT UND INNOVATION

Nikola Tesla (1856–1943) war einer der größten Erfinder und Visionäre der Geschichte. Seine Beiträge revolutionierten Elektrizität, Magnetismus und Ingenieurwesen. Bekannt für seine bahnbrechenden Erfindungen wie den Induktionsmotor und die drahtlose Energieübertragung, war Tesla einer der Architekten der Zweiten Industriellen Revolution. Sein brillanter Verstand und seine futuristischen Ideen, die ihrer Zeit oft voraus waren, machten ihn zu einer faszinierenden und zugleich rätselhaften Figur. Dieses Kapitel beleuchtet Teslas Leben, seine Erfindungen und sein Vermächtnis und beleuchtet seinen nachhaltigen Einfluss auf Wissenschaft und Technik.

Nikola Tesla wurde am 10. Juli 1856 in Smiljan, Österreich, im heutigen Kroatien geboren. Als Sohn eines serbisch-orthodoxen Priesters und einer Erfinderin zeigte Tesla schon früh eine außergewöhnliche Begabung für Mathematik und Physik. Er studierte Elektrotechnik an der Technischen Universität Graz und später an der Universität Prag, brach sein Studium jedoch ab, um eine Karriere als Erfinder anzustreben.

1884 wanderte Tesla in die USA aus, wo er kurz mit Thomas Edison zusammenarbeitete, bevor er seinen eigenen Weg ging. Trotz seines Genies hatte Tesla mit finanziellen Herausforderungen und Streitigkeiten mit anderen Erfindern wie Edison und Guglielmo Marconi zu kämpfen. Sein Leben war von Höhen und Tiefen geprägt, doch seine Erfindungen und Ideen beeinflussen die Welt bis heute.

Wissenschaftliche Beiträge und Erfindungen

Tesla war ein produktiver Erfinder und meldete im Laufe seines Lebens über 300 Patente an. Zu seinen bedeutendsten Beiträgen zählen:

1. Wechselstrom (AC): Tesla entwickelte und förderte das Wechselstromsystem (AC), das zum weltweiten Standard für die elektrische Energieübertragung wurde. Im Gegensatz zu Edisons Gleichstrom (DC) ermöglichte AC die Übertragung von Strom über große Entfernungen mit geringerem Energieverlust. Der „Stromkrieg" zwischen Tesla und Edison war eines der dramatischsten Kapitel der Technikgeschichte.

2. Induktionsmotor: Tesla erfand den Induktionsmotor, der rotierende Magnetfelder nutzt, um elektrische Energie in mechanische Bewegung umzuwandeln. Dieser Motor wird bis heute häufig in der Industrie und in Haushaltsgeräten eingesetzt.

3. Teslaspule: Die Teslaspule ist ein Resonanztransformator, der hohe Spannungen und Frequenzen erzeugt. Obwohl ursprünglich für wissenschaftliche Experimente entwickelt, ist die Teslaspule zu einer Ikone der Elektrotechnik geworden und wird in Anwendungen wie Radio, Fernsehen und Zündsystemen eingesetzt.

4. Drahtlose Energieübertragung: Tesla träumte von einer Welt, in der Energie drahtlos übertragen werden könnte. Er experimentierte mit der Energieübertragung mittels elektromagnetischer Wellen und baute den Wardenclyffe Tower, einen Prototyp einer drahtlosen Übertragungsstation. Obwohl das Projekt nie fertiggestellt wurde, nahmen seine Ideen moderne Technologien wie WLAN und kabelloses Laden vorweg.

5. Radio und drahtlose Kommunikation: Tesla leistete grundlegende Beiträge zur Entwicklung von Radio und drahtloser Kommunikation. Obwohl Guglielmo Marconi oft als Erfinder des Radios gilt, erkannte der Oberste Gerichtshof der USA 1943 an, dass Tesla die Technologie vor Marconi entwickelt hatte.

6. Leuchtstoff- und Neonbeleuchtung: Tesla experimentierte mit Gasen und elektrischen Entladungen und trug so zur Entwicklung von Leuchtstoff- und Neonbeleuchtung bei. Seine öffentlichen Vorführungen farbiger Lichter beeindruckten die Öffentlichkeit und trugen zur Popularisierung dieser Technologien bei.

7. Fernbedienung: Tesla demonstrierte 1898 die erste Fernbedienung, die ein Miniaturboot mithilfe von Radiowellen steuerte. Diese Erfindung war ein Vorläufer moderner Fernbedienungen für Fernseher, Drohnen und andere Geräte.

Visionäre Ideen und zukunftsweisende Projekte

Tesla war für seine visionären Ideen bekannt, von denen viele erst Jahrzehnte nach seinem Tod verwirklicht wurden. Zu seinen ehrgeizigsten Projekten gehörten:

Kostenlose und offene Energie: Tesla glaubte, dass Energie aus der Umwelt gewonnen und kostenlos an alle verteilt werden könnte.
Interplanetare Kommunikation: Er schlug die Idee vor, elektromagnetische Wellen zur Kommunikation mit anderen Planeten zu verwenden.

Todesstrahl: Tesla behauptete, einen Partikelstrahl entwickelt zu haben, der Flugzeuge und Armeen aus der Ferne zerstören könne, obwohl dies nie bewiesen wurde.

Vermächtnis und Anerkennung

Trotz seiner revolutionären Beiträge starb Tesla am 7. Januar 1943 in New York City in relativer Unbekanntheit. Sein Erbe wurde jedoch in den folgenden Jahrzehnten wiederentdeckt, und heute wird er als einer der größten Erfinder der Geschichte gefeiert. Die Einheit der magnetischen Induktion im Internationalen Einheitensystem (SI) wurde ihm zu Ehren „Tesla" genannt.

Tesla wurde auch zu einer Ikone der Popkultur und symbolisierte das verkannte Genie und den seiner Zeit vorauseilenden Visionär. Sein Leben und seine Erfindungen inspirieren bis heute Wissenschaftler, Ingenieure und Träumer auf der ganzen Welt.

Nikola Tesla war eines der größten Genies der Wissenschafts- und Technikgeschichte, dessen Erfindungen und Ideen die Welt veränderten. Seine Beiträge zur Elektrizität, zum Magnetismus und zur drahtlosen Kommunikation legten den Grundstein für viele unserer heutigen Technologien. Neben seinen technischen Errungenschaften verkörperte Tesla Kreativität, Neugier und eine Vision für eine bessere Zukunft. Sein Vermächtnis inspiriert bis heute Innovationen und erinnert uns an die Kraft der menschlichen Vorstellungskraft.

DIE GESCHICHTE DER ASTRONOMIE

KAPITEL 16: DIE ENTWICKLUNG DER TELESKOPEN: VON DER OPTIK ZUM WELTRAUM

Teleskope sind die Fenster der Menschheit zum Universum. Von den ersten rudimentären Instrumenten bis hin zu hochtechnologischen Observatorien im Weltraum und auf der Erde haben Teleskope unser Verständnis des Kosmos revolutioniert. Dieses Kapitel untersucht die Geschichte und Entwicklung von Teleskopen und beleuchtet die technologischen Meilensteine, die es Astronomen ermöglichten, die Geheimnisse des Universums zu entschlüsseln.

Die ersten Teleskope: Galileis Revolution

Die Geschichte der Teleskope beginnt im frühen 17. Jahrhundert, als der italienische Astronom Galileo Galilei 1609 ein Linsenteleskop in den Himmel richtete. Sein Instrument mit einer Objektivlinse von nur 3 cm Durchmesser und 20-facher Vergrößerung enthüllte nie zuvor gesehene Details: die Krater des Mondes, die Monde des Jupiters, die Phasen der Venus und die Sterne der Milchstraße. Diese Beobachtungen stellten das geozentrische Modell in Frage und ebneten den Weg für die moderne Astronomie.

Bodengebundene Teleskope: Das Zeitalter der Giganten

Im Laufe der Jahrhunderte haben erdgebundene Teleskope ihre Größe, Präzision und Leistungsfähigkeit weiterentwickelt. Nachfolgend einige wichtige Meilensteine:

1. Linsenteleskope: Im 17. Jahrhundert verbesserten Teleskope wie die von Johannes Kepler und Christiaan Huygens Galileis Konstruktion und ermöglichten präzisere Beobachtungen.
Das 1897 erbaute 1-Meter-Refraktorteleskop des Yerkes-Observatoriums war jahrzehntelang das größte der Welt.

2. Spiegelteleskope: Isaac Newton entwickelte 1668 das Spiegelteleskop, bei dem zum Sammeln des Lichts ein Spiegel anstelle einer Linse verwendet wurde.

Im 20. Jahrhundert setzten Teleskope wie das Hale (5 Meter) auf dem Palomar Mountain und das Keck (10 Meter) auf Hawaii neue Maßstäbe in der optischen Astronomie.

3. Radioteleskope: Die Erfindung des Radioteleskops in den 1930er Jahren ermöglichte es Astronomen, das Universum im Radiowellenlängenbereich zu untersuchen.
Das Very Large Array (VLA) in New Mexico und das Atacama Large Millimeter Array (ALMA) in Chile sind Beispiele für hochmoderne Radioobservatorien.

4. Moderne Teleskope: Chiles Very Large Telescope (VLT) mit vier 8,2-Meter-Teleskopen ist eines der modernsten der Welt.

Das Extremely Large Telescope (ELT), das derzeit in Chile gebaut wird, wird über einen 39 Meter großen Spiegel verfügen und das größte optische Teleskop der Welt sein.

Weltraumteleskope: Jenseits der Atmosphäre

Die Erdatmosphäre verzerrt das Sternenlicht und blockiert bestimmte Wellenlängen, was die Beobachtungen einschränkt. Um diese Barrieren zu überwinden, haben Astronomen Weltraumteleskope entwickelt:

1. Das Hubble-Weltraumteleskop (HST) ist eines der wichtigsten astronomischen Instrumente der Geschichte. Der Start am 24. April 1990 an Bord der Raumfähre Discovery (STS-31) veränderte unser Verständnis des Universums und lieferte hochauflösende Bilder von Planeten, Sternen, Galaxien und kosmischen Phänomenen.

Hauptmerkmale von Hubble

- **Orbit:** Etwa 547 km über der Erde.
- **Größe:** Ungefähr 44 Fuß lang (ungefähr so groß wie ein Schulbus).
- **Hauptspiegel:** Mit einem Durchmesser von 2,4 Metern sammelt es Licht im ultravioletten, sichtbaren und nahen Infrarot-Spektrum.
- **Kameras und Spektrographen:** Dazu gehören Sensoren, die Bilder aufnehmen und die chemische Zusammensetzung kosmischer Objekte analysieren.
- **Wartungsmissionen:** Hubble wurde so konzipiert, dass es im Weltraum aufgerüstet und repariert werden kann, was unter den Weltraumteleskopen einzigartig ist.

Hubbles wichtigste Entdeckungen: Messung der Expansion des Universums und der dunklen Energie

- Hubble half dabei, die Hubble-Konstante genau zu berechnen, die die Geschwindigkeit misst, mit der sich das Universum ausdehnt.
- Hubbles Entdeckungen führten zum Konzept der dunklen Energie, der mysteriösen Kraft, die für die Beschleunigung der kosmischen Expansion verantwortlich ist.

Hinweise auf supermassive Schwarze Löcher

- Hubble hat gezeigt, dass fast alle großen Galaxien in ihrem Zentrum ein supermassereiches Schwarzes Loch enthalten.
- Detaillierte Beobachtungen des Schwarzen Lochs in der Galaxie M87 haben dazu beigetragen, das erste Bild eines Schwarzen Lochs zu erstellen, das vom Event Horizon Telescope (EHT) aufgenommen wurde.

Galaktische Evolution und Tiefe des Universums

- Hubbles Deep Field und Ultra Deep Field haben

die tiefsten Bilder des Universums geliefert, die jemals aufgenommen wurden. Sie zeigen Galaxien, die nur wenige Millionen Jahre nach dem Urknall entstanden sind.
- Er beobachtete die Kollision von Galaxien und half uns zu verstehen, wie sie sich entwickeln.

Untersuchung von Exoplaneten und Atmosphären
- Hubble hat die Atmosphären von Exoplaneten entdeckt und Elemente wie Wasser, Methan und Kohlendioxid identifiziert.
- Er trug zur Suche nach bewohnbaren Planeten außerhalb des Sonnensystems bei.

Detaillierte Beobachtungen von Nebeln und Sternen
- Es entstanden ikonische Bilder, wie etwa die Säulen der Schöpfung im Adlernebel.
- Er untersuchte die Entstehung und den Tod von Sternen und enthüllte Details über Supernovas, Weiße Zwerge und Rote Riesensterne.

Erforschung des Sonnensystems
- Hubble hat dazu beigetragen, Veränderungen auf Jupiter, Saturn und Mars zu überwachen und Exoplaneten und Eismonde wie Europa und Enceladus zu untersuchen.
- Er spielte eine entscheidende Rolle bei der Beobachtung des Einschlags des Kometen Shoemaker-Levy 9 auf dem Jupiter im Jahr 1994.

Wartung und Verbesserungen: Hubble wurde so konzipiert, dass es von Astronauten aufgerüstet werden kann. Zwischen 1993 und 2009 wurden fünf Wartungsmissionen durchgeführt, um die Instrumente zu verbessern und die Lebensdauer des Teleskops zu verlängern.
Die kritischste Mission fand 1993 statt, als Astronauten eine

Reihe von Korrekturlinsen installierten, um einen optischen Defekt im Hauptspiegel zu beheben und so scharfe Bilder zu gewährleisten.

Hubble im Vergleich zu anderen Teleskopen

Teleskop	Kerl	Beobachtungsbereich	Hauptziel
Hubble (1990)	Raum	UV, sichtbares Licht, nahes Infrarot	Galaxien, Nebel, Schwarze Löcher
James Webb (2021)	Raum	Infrarot	Exoplaneten, das erste Licht des Universums
Nancy Grace Roman (2027 - voraussichtlich)	Raum	Breites Infrarot	Dunkle Energie, Exoplaneten
Chandra (1999)	Raum	Röntgen	Schwarze Löcher und Supernovas

Hubbles Erbe und die Zukunft

- Hubble wird im Jahr 2025 weiterhin in Betrieb sein, aber schrittweise durch das James-Webb-Weltraumteleskop ersetzt werden.
- Auch mit neuen Technologien bleibt Hubble aufgrund seiner Beobachtungsmöglichkeiten im sichtbaren und ultravioletten Licht unverzichtbar.
- Sein Einfluss auf die Astronomie ist unermesslich und seine ikonischen Bilder haben Generationen von Wissenschaftlern und die breite Öffentlichkeit inspiriert.

Hubble revolutionierte unsere Sicht auf das Universum und wurde zu einem der wichtigsten wissenschaftlichen Instrumente der Geschichte.

Bildnachweis: NASA

2. James Webb Space Telescope (JWST): Das Observatorium der Zukunft: Das James Webb Space Telescope (JWST) ist das fortschrittlichste Teleskop aller Zeiten und stellt im Vergleich zum Hubble einen technologischen Sprung nach vorne dar. Webb ist für den Infrarotbereich konzipiert und ermöglicht die Beobachtung der ersten Galaxien nach dem Urknall, die detaillierte Untersuchung von Exoplaneten und die Erforschung der kosmischen Evolution.

Veröffentlichung und Hauptfunktionen

- **Start:** 25. Dezember 2021 (Ariane 5, Französisch-Guayana)
- **Orbit:** Lagrange-Punkt L2, 1,5 Millionen Kilometer von der Erde entfernt
- **Hauptspiegel:** 6,5 Meter Durchmesser (hergestellt aus 18 vergoldeten Berylliumsegmenten)
- **Beobachtungsbereich:** Infrarot (0,6 bis 28 Mikrometer)
- **Wärmeschutz:** Ein Sonnenschutzmittel in Tennisplatzgröße mit 5 Schichten, das die optische Temperatur auf -233 °C reduziert

Wissenschaftliche Instrumente:

NIRCam (Nahinfrarotkamera)

- Die Hauptkamera des JWST nimmt detaillierte Bilder

von alten Galaxien, Exoplaneten und Sternen in der Entstehung auf.

NIRSpec (Nahinfrarot-Spektrograph)
- Analysiert die chemische Zusammensetzung des Lichts von Galaxien, Nebeln und Exoplaneten.

MIRI (Mittelinfrarot-Instrument)
- Es arbeitet im mittleren Infrarotbereich und ermöglicht die Untersuchung von protoplanetaren Scheiben, schwarzen Löchern und kosmischem Staub.

FGS/NIRISS (Feinführungssensor/Nahinfrarot-Bildgeber und spaltloser Spektrograph)
- Damit können Sie Exoplaneten und Planetenatmosphären genau lokalisieren und analysieren.

Wichtigste wissenschaftliche Entdeckungen und Ziele
Erste Galaxien im Universum
- JWST hat die ältesten jemals beobachteten Galaxien identifiziert, die etwa 250 bis 300 Millionen Jahre nach dem Urknall entstanden sind.
- Untersuchungen dieser Galaxien helfen uns zu verstehen, wie sich das Universum in den ersten Milliarden Jahren entwickelt hat.

Atmosphären von Exoplaneten
- JWST analysiert die chemische Zusammensetzung und die atmosphärischen Bedingungen entfernter Exoplaneten.
- Es wurden bereits Kohlendioxid, Wasserdampf, Methan und andere Elemente nachgewiesen, die auf Bewohnbarkeit hindeuten könnten.

Entwicklung der Sterne und Entstehung von Planetensystemen
- Beobachtete protoplanetare Scheiben, die Details

über die Entstehung von Planeten enthüllen.
- Studieren Sie Nebel und sterbende Sterne, wie beispielsweise den südlichen Ringnebel.

Supermassive Schwarze Löcher und Dunkle Materie
- Beobachten Sie Jets von Schwarzen Löchern, um deren Einfluss auf die galaktische Evolution zu verstehen.
- Es könnte Hinweise auf die dunkle Materie liefern, die nach wie vor eines der größten Mysterien des Universums ist.

Vergleich zwischen JWST, Hubble und Nancy Grace Roman

Teleskop	Beobachtungsbereich	Hauptspiegel	Hauptziel
Hubble (1990)	Sichtbar, UV, Nahinfrarot	2,4 Meter	Galaxien, Nebel, Schwarze Löcher
James Webb (2021)	Infrarot	6,5 Meter	Erste Galaxien, Exoplaneten, Schwarze Löcher
Nancy Grace Roman (2027 - voraussichtlich)	Breites Infrarot	2,4 Meter	Dunkle Energie, Exoplaneten und kosmische Kartierung

Der Einfluss des JWST auf die Astronomie
- Beantworten Sie Fragen zum Ursprung der ersten Sterne und Galaxien.
- Es erweitert unser Verständnis von Exoplaneten und ihrer Bewohnbarkeit.
- Es ebnet den Weg für zukünftige Missionen, die Anzeichen von Leben außerhalb der Erde entdecken könnten.

JWST revolutioniert unsere Sicht auf den Kosmos, eröffnet neue Horizonte in der Astronomie und liefert Antworten über die

Ursprünge des Universums und des Lebens.

Bildnachweis: NASA

3. Chandra-Weltraumobservatorium: Der Röntgenjäger des Universums

Das Chandra-Weltraumteleskop ist das fortschrittlichste Röntgenteleskop aller Zeiten. Seit 1999 revolutioniert es unser Verständnis von Schwarzen Löchern, Supernovas und Galaxienhaufen und ermöglicht uns die Beobachtung der extremsten Phänomene im Kosmos.

Veröffentlichung und Hauptfunktionen
- **Start:** 23. Juli 1999 (Space Shuttle Columbia, STS-93)
- **Orbit:** Stark elliptisch (zwischen 16.000 km und 133.000 km von der Erde entfernt)
- **Beobachtungsbereich:** Röntgenstrahlen (0,1 bis 10 keV)
- **Größe:** 13,8 Meter lang
- **Spiegel:** Superreflektierend, mit extrem hoher Präzision zur Fokussierung von Röntgenstrahlen.

Warum beobachtet Chandra Röntgenstrahlen?

Röntgenstrahlen werden von einigen der heißesten und energiereichsten Objekte im Universum ausgesandt, beispielsweise von Schwarzen Löchern, Pulsaren und verschmelzenden Galaxien. Die Erdatmosphäre blockiert diese Strahlung jedoch, sodass ein Weltraumteleskop erforderlich ist, um sie zu erfassen.

Es ist wichtig, Chandra zu studieren:
Schwarze Löcher und ihre Akkretionsscheiben, Supernovae und Sternüberreste, Galaxienhaufen und dunkle Materie, Pulsare und Magnetare.

Wichtigste wissenschaftliche Entdeckungen und Beiträge
Supermassive Schwarze Löcher

- **Existenz supermassereicher Schwarzer Löcher in den Zentren von Galaxien bestätigt**, einschließlich der Milchstraße.
- Es wurden Materiestrahlen entdeckt, die aus Schwarzen Löchern ausgestoßen werden und Einblicke in ihre Dynamik geben.
- Er untersuchte Sagittarius A*, das schwarze Loch in unserer Galaxie.

[2] Supernovae und ihre Folgen

- Dabei wurden Supernova-Überreste wie Cassiopeia A und Kepler beobachtet, was zum Verständnis beitrug, wie massereiche Sterne explodieren und das Universum mit schweren Elementen anreichern.
- Es wurden Röntgenimpulse von Pulsaren (stark magnetisierten Neutronensternen) nachgewiesen.

Galaxienhaufen und dunkle Materie

- Er entdeckte überhitztes Gas zwischen Galaxien, was zur Berechnung der Gesamtmasse des Universums beitrug.
- Es lieferte direkte Beweise für dunkle Materie, wie

etwa die Bullet Cluster-Kollision (einer der besten Hinweise auf die Existenz dieser unsichtbaren Substanz).

Erforschung von Sternen und Exoplaneten
- Es identifizierte Röntgenausbrüche von Braunen Zwergen und jungen Sternen und trug so zum Verständnis der Entstehung von Planetensystemen bei.
- Sie entdeckten intensive Röntgenemissionen von nahegelegenen Sternen, die Einzelheiten über deren magnetische Aktivität enthüllten.

Vergleich von Chandra und anderen Weltraumteleskopen

Teleskop	Kerl	Beobachtungsbereich	Hauptziele
Hubble (1990)	Raum	UV, sichtbares Licht, nahes Infrarot	Galaxien, Nebel, Schwarze Löcher
Chandra (1999)	Raum	Röntgen	Schwarze Löcher, Supernovae, Galaxienhaufen
James Webb (2021)	Raum	Infrarot	Erste Galaxien, Exoplaneten, kosmische Evolution
Fermi (2008)	Raum	Gammastrahlen	Gammastrahlenausbrüche, Pulsare und dunkle Materie

Lebensdauer und Wartung
- Anders als Hubble wurde Chandra nicht für die Wartung im Orbit konzipiert, läuft aber seit 1999 ohne Probleme.
- Der Treibstoff reicht für einen Betrieb bis mindestens 2030.

Chandras Vermächtnis und die Zukunft der

Röntgenastronomie

- Chandra revolutionierte die Astrophysik, indem er entscheidende Informationen über die extremsten Objekte im Universum lieferte.
- Sein Erbe wird durch zukünftige Teleskope wie Athena (geplant für 2037), das neue Röntgenteleskop der ESA, ergänzt.

Chandra bleibt unser wichtigstes Fenster zu den gewaltigsten kosmischen Ereignissen und hilft uns, die Geheimnisse des unsichtbaren Universums zu entschlüsseln!

Bildnachweis: NASA

Das Spitzer-Weltraumteleskop war eines der größten Observatorien der NASA und wurde zur Erforschung des Universums im Infrarotspektrum entwickelt. Spitzer wurde am 25. August 2003 gestartet und war bis zu seiner Außerdienststellung am 30. Januar 2020 erfolgreich in Betrieb. Es war unverzichtbar für die Erforschung von Weltraumregionen, die im sichtbaren Licht nicht beobachtet werden können, und ermöglichte die Entdeckung kalter, weit entfernter Objekte wie Exoplaneten, Nebel und Urgalaxien.

Spitzers Hauptmerkmale

- **Orbit**Anders als andere Weltraumteleskope wie etwa Hubble folgte Spitzer einer heliozentrischen Umlaufbahn (um die Sonne) und entfernte sich dabei allmählich von der Erde.

- **Werkzeuge**:
    1. **IRAC (Infrarot-Array-Kamera)**– in vier Infrarotbändern aufgenommene Bilder.
    2. **IRS (Infrarotspektrograph)**– analysierte die chemische Zusammensetzung von Himmelskörpern.
    3. **MIPS (Multiband Imaging Photometer für Spitzer)**– Wärmestrahlung bei verschiedenen Wellenlängen erfasst.

- **Kryogene Kühlung**Da Infrarotstrahlung durch Wärme entsteht, war Spitzer mit einem Flüssigheliumsystem ausgestattet, um seine Instrumente zu kühlen. Im Jahr 2009 ging das Helium aus, was einige Funktionen beendete, doch das Teleskop operierte mit den verbleibenden Infrarotkanälen auf einer „erweiterten Mission" weiter.

Wissenschaftliche Entdeckungen: Spitzer hat zahlreiche Beiträge zur modernen Astronomie geleistet. Zu den wichtigsten gehören:

1. **Exoplaneten und Atmosphären**
    - Er war ein Pionier bei der Charakterisierung der Atmosphären von Exoplaneten und entdeckte Signaturen von Molekülen wie Wasser, Kohlendioxid und Methan auf Planeten außerhalb unseres Sonnensystems.

- Das TRAPPIST-1-System wurde entdeckt. Es umfasst sieben Gesteinsplaneten, drei davon in der bewohnbaren Zone.

2. **Untersuchung der ersten Galaxien**
    - Dabei wurden einige der ältesten und am weitesten entfernten Galaxien im Universum beobachtet, die kurz nach dem Urknall entstanden sind.
    - Es half, die kosmische Reionisierung zu verstehen, eine entscheidende Phase in der Entwicklung des Universums.

3. **Sternentwicklung**
    - Dabei wurden Sternentstehungsorte wie der Orionnebel untersucht und die Entstehung neuer, in Staub gehüllter Sterne aufgedeckt.
    - Es wurden protoplanetare Scheiben identifiziert, die auf Orte hinweisen, an denen neue Sonnensysteme entstanden sind.

4. **Kometen und Objekte des Sonnensystems**
    - Er untersuchte Kometen wie Tempel 1 und analysierte die Zusammensetzung von Staub und Eis bei kontrollierten Einschlägen.
    - Im äußeren Sonnensystem beobachtete Asteroiden und Eismonde.

Erbe und Nachfolger: Das Spitzer-Weltraumteleskop stellte 2020 seinen Betrieb ein, doch seine Entdeckungen bleiben für die Astronomie von grundlegender Bedeutung. Sein Erbe wird von anderen Teleskopen fortgeführt, darunter:

- **James Webb-Weltraumteleskop (JWST)** Der im Jahr 2021 eingeführte Satellit verfügt über weitaus fortschrittlichere Infrarotsensoren, die noch tiefergehende Untersuchungen von Exoplaneten und weit entfernten Galaxien ermöglichen.

- **Römisches Weltraumteleskop Nancy Grace**Der Start ist für die nächsten Jahre geplant und wird sich auf Weitfeld-Astrophysik und dunkle Materie konzentrieren.

Spitzer revolutionierte unser Verständnis des Kosmos, indem es das Universum in für das menschliche Auge unsichtbaren Wellenlängen sichtbar machte und damit den Weg für neue Generationen von Infrarotteleskopen ebnete.

Bildnachweis: NASA

Das Nancy Grace Roman Space Telescope (früher Wide Field Infrared Survey Telescope – WFIRST) ist ein Weltraumteleskop der NASA, dessen Start für Mai 2027 geplant ist. Es wird ein Weitfeld-Infrarotteleskop sein, das grundlegende Fragen zu dunkler Energie, Exoplaneten und der Struktur des Universums beantworten soll.

Merkmale des römischen Teleskops – Name und Tribut

Das Teleskop wurde 2020 zu Ehren der Astronomin Nancy Grace Roman (1925–2018), bekannt als „Mutter des Hubble", umbenannt. Sie war eine der ersten Frauen in einer Führungsposition bei der NASA und spielte eine Schlüsselrolle bei der Entwicklung des Hubble-Weltraumteleskops.

Umlaufbahn und Plattform

- Roman wird in eine Halo-Umlaufbahn um den Lagrange-Punkt L2 gebracht, etwa 1,5 Millionen Kilometer von der Erde entfernt, in derselben Region, in der das James Webb-Weltraumteleskop (JWST) betrieben wird.
- Dies ermöglicht eine stabile, langfristige Sicht auf das Universum mit minimalen thermischen und gravitativen Störungen durch die Erde.

Wissenschaftliche Instrumente - Weitfeldinstrument (WFI)

- 300-Megapixel-Infrarotkamera.
- Sichtfeld 100-mal größer als Hubble (ermöglicht umfangreiche statistische Studien von Galaxien und Exoplaneten).
- Kartierung von Millionen von Galaxien, um die Ausdehnung des Universums und die dunkle Energie zu verstehen.

Koronagraph-Instrument:

- Damit können Sie das Sternenlicht ausblenden, um die sie umgebenden Planeten direkt zu studieren.
- Experimentelle Technologie, die den Weg für zukünftige Teleskope ebnen könnte, die nach Lebenszeichen auf Exoplaneten suchen.

Wichtigste wissenschaftliche Ziele: Studium der dunklen Energie und der Ausdehnung des Universums.

- Roman wird uns helfen, die Natur der dunklen Energie zu verstehen, die etwa 68 % des Universums ausmacht und dessen beschleunigte Expansion vorantreibt.
- Es soll die Verteilung der Galaxien im Laufe der kosmischen Zeit kartieren, um festzustellen, ob sich die dunkle Energie im Laufe der Zeit verändert.
- Es werden Messungen der Gravitationslinsenwirkung durchgeführt, bei der das Licht weit entfernter Galaxien durch die Schwerkraft näher gelegener Galaxien verzerrt wird.

Suche nach Exoplaneten
- Dabei kommt die Gravitationsmikrolinsentechnik zum Einsatz, eine einzigartige Technik, die Planeten erkennt, wenn sie vor weit entfernten Sternen vorbeiziehen, indem sie ihr Licht krümmt.
- Man geht davon aus, dass Tausende neuer Exoplaneten entdeckt werden, darunter auch Schurkenplaneten, die keine Sterne umkreisen.
- Es wird das James-Webb-Weltraumteleskop und das Kepler-Teleskop bei der Erforschung der Vielfalt von Planetensystemen ergänzen.

Studium kosmischer Strukturen
- Es wird die größte und detaillierteste Infrarotkarte des Universums erstellen.
- Es soll eine detaillierte Zählung der Galaxien durchgeführt werden, um die Entstehung und Entwicklung der Materie im Laufe der Zeit zu verstehen.

Unterschiede zwischen Roman, Hubble und James Webb

Besonderheit	Das Hubble-Teleskop	James Webb	Nancy Grace Roman
Start	1990	2021	Geplant für 2027
Teleskoptyp	Optik und	Tiefes Infrarot	Infrarot und Weitfeld

		Ultraviolett		
Spiegeldurchmesser		2,4 Meter	6,5 Meter	2,4 Meter
Sichtfeld		Wenig	Wenig	100-mal größer als Hubble
Wissenschaftlicher Ansatz		Nahes Universum, Nebel	Alte Galaxien, Exoplaneten	Dunkle Energie, Exoplaneten und kosmische Struktur

Auswirkungen und Vermächtnis

- Das Nancy Grace Roman wird das erste Weltraumteleskop sein, das sich der Erforschung der dunklen Energie widmet, einer der größten Unbekannten der modernen Kosmologie.

- Es wird eine beispiellose Kartierung des Universums ermöglichen und eine perfekte Ergänzung zu Teleskopen wie JWST darstellen, die sich auf bestimmte Ziele konzentrieren.

- Seine Innovationen, wie beispielsweise der Koronagraph, könnten die Grundlage für zukünftige Missionen zur Suche nach Biosignaturen auf Exoplaneten bilden.

Mit seinem riesigen Sichtfeld und seiner Spitzentechnologie verspricht das Nancy Grace Roman Space Telescope, unser Verständnis des Kosmos zu revolutionieren und neue Grenzen für die moderne Astrophysik und Kosmologie zu eröffnen.

Bildnachweis: NASA

Zukunftstechnologien: Der Horizont der Astronomie

Die Astronomie macht weiterhin Fortschritte mit ehrgeizigen Projekten, die unser Verständnis des Universums revolutionieren werden:

1. Riesige Teleskope: Das Extremely Large Telescope (ELT) und das Giant Magellan Telescope (GMT) ermöglichen detaillierte Beobachtungen von Exoplaneten und weit entfernten Galaxien.

2. Weltraumteleskope: Das Nancy Grace Roman Space Telescope und LUVOIR (Large UV/Optical/IR Surveyor) werden unsere Möglichkeiten erweitern, das Universum bei mehreren Wellenlängen zu untersuchen.

3. Innovative Technologien: Adaptive Optik, künstliche Intelligenz und Interferometrie verbessern die Auflösung und Präzision von Teleskopen.

Die Entwicklung der Teleskope ist eine Geschichte von Neugier, Innovation und dem Überschreiten von Grenzen. Von Galileis frühesten Instrumenten bis hin zu hochmodernen Weltraum- und Bodenobservatorien haben uns Teleskope ermöglicht, das Universum immer tiefer zu erforschen. Auch in Zukunft werden neue Technologien und ehrgeizige Projekte unseren Horizont erweitern und Geheimnisse des Kosmos enthüllen, die wir uns noch nicht einmal vorstellen können.

KAPITEL 17: DAS ZEITALTER DER EXOPLANETEN – DIE ENTDECKUNG NEUER WELTEN

Die Entdeckung von Exoplaneten – Planeten, die Sterne außerhalb unseres Sonnensystems umkreisen – ist eines der spannendsten und dynamischsten Gebiete der modernen Astronomie. Seit der ersten Bestätigung eines Exoplaneten im Jahr 1992 wurden Tausende solcher Welten identifiziert, was eine unglaubliche Vielfalt an Planetensystemen offenbart. Dieses Kapitel untersucht Nachweismethoden, die Suche nach bewohnbaren Planeten und die Missionen, die unser Verständnis des Universums revolutionieren.

Methoden zur Exoplanetenerkennung

Die Entdeckung von Exoplaneten ist eine technische Herausforderung, da diese Planeten extrem weit entfernt sind und im Vergleich zur Helligkeit ihrer Sterne winzig erscheinen. Astronomen haben verschiedene Techniken entwickelt, um diese Schwierigkeiten zu überwinden:

1. Transitmethode: Wenn ein Planet vor seinem Stern vorbeizieht, blockiert er einen kleinen Teil des Lichts des Sterns, was zu einem „Einbruch" der beobachteten Helligkeit führt.
Mit dieser Methode können wir die Größe des Planeten und seine Umlaufbahn bestimmen. Beispielsweise entdeckte das Kepler-Teleskop mit dieser Technik Tausende von Exoplaneten.

2. Radialgeschwindigkeitsmethode: Die Schwerkraft eines Planeten bringt seinen Stern in leichtes Taumeln, was durch den Dopplereffekt zu Veränderungen des Sternenlichts führt. Diese Methode gibt Aufschluss über die Masse des Planeten und seine Entfernung zum Stern.
Beispiel: Die Entdeckung von 51 Pegasi b, dem ersten bestätigten

Exoplaneten um einen sonnenähnlichen Stern.

3. Gravitationsmikrolinseneffekt: Wenn ein Stern mit einem Planeten vor einem anderen entfernten Stern vorbeizieht, verstärkt seine Schwerkraft das Licht des Hintergrundsterns und erzeugt einen Helligkeitsschub. Diese Methode ist besonders gut für entfernte, massearme Planeten geeignet. Beispiel: OGLE-2005-BLG-390Lb, ein 2006 entdeckter Eisplanet.

4. Direkte Abbildung: Moderne Teleskope erfassen direkte Bilder von Exoplaneten, indem sie das Licht des Sterns mit Koronographen oder Masken blockieren. Diese Methode eignet sich ideal für große Planeten, die weit von ihren Sternen entfernt sind. Beispielsweise wurde HR 8799, ein System mit vier Planeten, direkt abgebildet.

Die Suche nach bewohnbaren Planeten

Eines der faszinierendsten Ziele der modernen Astronomie ist die Suche nach Planeten, auf denen Leben möglich ist. Astronomen suchen daher nach Exoplaneten in der „habitablen Zone", also der Region um einen Stern, in der die Temperatur flüssiges Wasser auf der Oberfläche zulässt.

1. Bewohnbare Zone: Auf Planeten in der bewohnbaren Zone herrschen Bedingungen, die potenziell für Leben, wie wir es kennen, geeignet sind. Beispiel: Proxima Centauri b, ein Planet in der bewohnbaren Zone des sonnennächsten Sterns.

2. Biosignaturen: Astronomen untersuchen die Atmosphären von Exoplaneten auf Gase wie Sauerstoff, Methan und Ozon, die auf Leben hinweisen könnten. Beispielsweise analysiert das James-Webb-Teleskop Exoplanetenatmosphären, um Biosignaturen zu erkennen.

3. Supererden und Ozeanplaneten: Gesteinsplaneten, die größer als die Erde sind, wie LHS 1140 b, und ozeanbedeckte Welten, wie TOI-1452 b, sind vielversprechende Kandidaten für Bewohnbarkeit.

Wichtige Missionen bei der Suche nach Exoplaneten

Mehrere Weltraummissionen und erdgebundene Teleskope haben bei der Entdeckung und Erforschung von Exoplaneten eine entscheidende Rolle gespielt:

1. Kepler-Teleskop (2009–2018): Kepler revolutionierte die Astronomie mit der Entdeckung von über 2.600 bestätigten Exoplaneten. Es zeigte sich, dass Planeten in der Galaxie häufig vorkommen, insbesondere Supererden und Mini-Neptune.

2. Transiting Exoplanet Survey Satellite (TESS, 2018–heute): TESS durchsucht nahezu den gesamten Himmel nach nahegelegenen Exoplaneten und konzentriert sich dabei auf kleine, helle Sterne. Es wurden bereits Tausende von Exoplanetenkandidaten identifiziert, darunter TOI-700 d, ein Planet in der habitablen Zone.

3. James-Webb-Weltraumteleskop (JWST, 2021–heute): Das JWST untersucht die Atmosphären von Exoplaneten mit beispielloser Detailgenauigkeit und sucht nach Biosignaturen und Klimamerkmalen. Beispiel: Analyse der Atmosphäre von WASP-96 b, einem „heißen Jupiter".

4. Zukünftige Missionen: PLATO (geplant für 2026): eine ESA-Mission zur Suche nach Gesteinsplaneten in bewohnbaren Zonen um sonnenähnliche Sterne.
ARIEL (geplant für 2029): eine ESA-Mission zur detaillierten Untersuchung der Atmosphären von Exoplaneten.

Die bevorstehenden Missionen PLATO und ARIEL, beide von der Europäischen Weltraumorganisation (ESA), sind Teil der laufenden Bemühungen zur Erforschung von Exoplaneten. Dabei konzentrieren sie sich sowohl auf die Entdeckung neuer, potenziell bewohnbarer Welten als auch auf die detaillierte Analyse ihrer Atmosphären. Im Folgenden beschreibe ich die einzelnen Missionen im Detail:

PLATO (Planetentransite und Sternschwingungen)

Beschreibung und Bedeutung Die PLATO-Mission wurde im Rahmen des Cosmic Vision-Programms 2015–2025 der ESA genehmigt und zielt darauf ab, terrestrische Planeten in bewohnbaren Zonen zu entdecken und ihre Muttersterne zu untersuchen. Im Gegensatz zu früheren Missionen wie Kepler und TESS verfolgt PLATO einen innovativen Ansatz und kombiniert die Entdeckung von Planetentransiten mit Asteroseismologie.

Wie funktioniert PLATO?

PLATO wird 26 hochpräzise Teleskope und Kameras einsetzen, die eine weite Abdeckung des Himmels und kontinuierliche Beobachtungen heller Sterne ermöglichen. Es wird Exoplaneten mithilfe der Transitmethode aufspüren und dabei kleine Helligkeitseinbrüche von Sternen beobachten, die durch vorbeiziehende Planeten verursacht werden. Darüber hinaus wird es die Asteroseismologie, die Erforschung von Sternschwingungen, nutzen, um Eigenschaften von Muttersternen wie Masse, Radius und Alter präzise zu messen. Dies wird dazu beitragen, die Zusammensetzung und Struktur der entdeckten Planeten zu bestimmen.

Hauptziele

- Finden Sie Gesteinsplaneten in bewohnbaren Zonen, in denen flüssiges Wasser existieren könnte.
- Charakterisieren Sie die Größe, Masse und Umlaufbahn dieser Planeten.
- Untersuchen Sie die innere Struktur von Sternen, um die Planetenentstehung besser zu verstehen.
- Erstellen Sie einen detaillierten Katalog von Exoplaneten, die bei zukünftigen Missionen Ziele für Atmosphärenstudien sein könnten.

Wissenschaftliche Auswirkungen

PLATO wird entscheidend dazu beitragen, die Vielfalt der

Planetensysteme zu verstehen und die Frage zu beantworten: „Sind wir allein im Universum?" Darüber hinaus werden die von ihm gelieferten Daten für zukünftige Missionen wie ARIEL von großem Nutzen sein.

ARIEL (Groß angelegte Exoplaneten-Erkundung durch atmosphärische Infrarot-Fernerkundung)

Beschreibung und Bedeutung: Die ARIEL-Mission wurde als vierte Mittelklassemission im Cosmic Vision-Programm der ESA ausgewählt. Ihr besonderes Ziel ist die Untersuchung der chemischen Zusammensetzung von Exoplanetenatmosphären, ein Projekt, das bisher noch nicht in großem Maßstab durchgeführt wurde.

ARIEL wird nicht nach neuen Exoplaneten suchen, sondern stattdessen die Atmosphären von Hunderten bekannter Welten unterschiedlicher Größe und Zusammensetzung analysieren, von Gasriesen bis zu Supererden.

Wie funktioniert ARIEL?

ARIEL wird ein 1-Meter-Teleskop verwenden, das mit einem Spektrographen ausgestattet ist, der im Infrarot- und sichtbaren Bereich arbeitet. Es wird das Sternenlicht analysieren, das während Transiten die Atmosphären von Exoplaneten durchdringt, und so die Identifizierung von Gasen wie Wasserdampf, Kohlendioxid, Methan und anderen Verbindungen ermöglichen.

Die Mission wird auch heiße und gemäßigte Planeten beobachten, was uns helfen wird, die atmosphärischen Prozesse und die chemische Vielfalt von Exoplaneten zu verstehen.

Hauptziele

- Analysieren Sie die Atmosphären von mindestens 1.000 Exoplaneten.
- Identifizieren Sie die wichtigsten chemischen und thermischen Komponenten dieser Atmosphären.

- Erstellen Sie eine Datenbank für zukünftige Missionen, die nach Lebenszeichen suchen können.
- Verstehen Sie die Entstehung und Entwicklung von Planeten im Kontext unseres eigenen Sonnensystems.

Wissenschaftliche Auswirkungen
ARIEL wird beispiellose Daten zur Chemie von Exoplaneten liefern und dazu beitragen, grundlegende Fragen zur Planetenvielfalt und den Bedingungen für die Entstehung bewohnbarer Welten zu beantworten. Es ist ein entscheidender Schritt zur Erforschung der Atmosphären von Exoplaneten und eine perfekte Ergänzung der PLATO-Mission.

Beziehung zwischen PLATO und ARIEL
Diese Missionen ergänzen sich perfekt. PLATO wird neue Exoplaneten identifizieren und ihre Muttersterne charakterisieren, während ARIEL die chemische Zusammensetzung der Atmosphären dieser Planeten untersucht. Gemeinsam werden sie ein umfassenderes Bild der Exoplanetenvielfalt und der bewohnbaren Bedingungen liefern.

Diese Missionen werden zusammen mit Teleskopen wie dem James Webb Space Telescope (JWST) und zukünftigen Projekten wie LUVOIR und HabEx die Astrobiologie und die Suche nach Leben außerhalb der Erde in den kommenden Jahrzehnten voranbringen.

Diese Missionen stellen einen neuen Meilenstein in der Erforschung exoplanetarer Planeten dar, da sie präzisere Antworten auf die Frage nach der Vielfalt der Planeten liefern und dazu beitragen, die nächsten Schritte bei der Suche nach Leben außerhalb der Erde festzulegen.

Das Zeitalter der Exoplaneten hat gerade erst begonnen. Mit jeder neuen Entdeckung erfahren wir mehr über die Vielfalt der Welten jenseits unseres Sonnensystems und kommen der

Antwort auf eine der tiefsten Fragen der Menschheit näher: Sind wir allein im Universum? Aktuelle und zukünftige Missionen versprechen, noch mehr Geheimnisse zu lüften und so den Weg für die Erforschung lebensfähiger Planeten zu ebnen und unser Verständnis des Kosmos zu erweitern.

KAPITEL 18: SCHWARZE LÖCHER UND GRAVITATIONSWELLEN: NEUE FENSTER ZUM UNIVERSUM

Schwarze Löcher und Gravitationswellen gehören zu den faszinierendsten und geheimnisvollsten Konzepten der modernen Physik. Sie stellen extreme Phänomene dar, die unser Verständnis von Raum, Zeit und Gravitation auf die Probe stellen. Dieses Kapitel untersucht jüngste Entdeckungen, die diese theoretischen Konzepte in beobachtbare Realitäten verwandelt und neue Fenster für die Erforschung des Universums geöffnet haben.

Das erste Bild eines Schwarzen Lochs

Am 10. April 2019 erlebte die Welt einen historischen Meilenstein der Astronomie: das erste direkte Bild eines Schwarzen Lochs. Aufgenommen vom Event Horizon Telescope (EHT), einem globalen Netzwerk von Radioteleskopen, zeigte das Bild das supermassereiche Schwarze Loch im Zentrum der Galaxie M87, 55 Millionen Lichtjahre von der Erde entfernt.

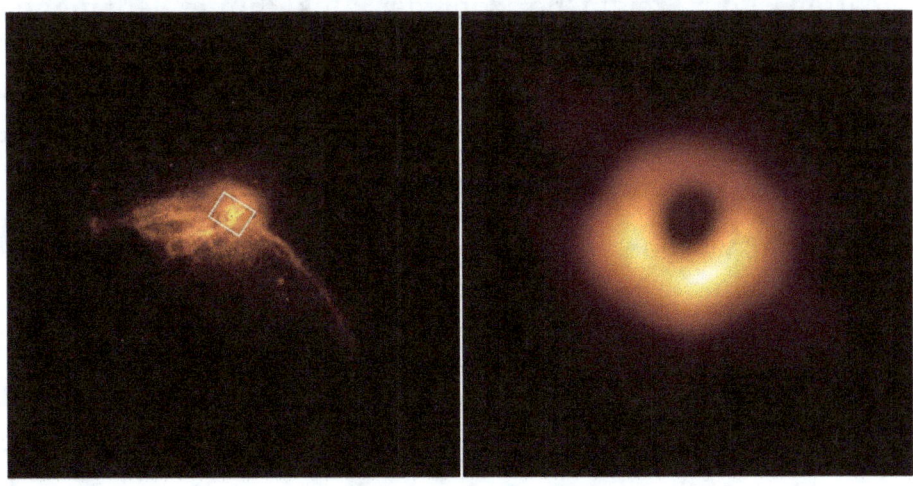

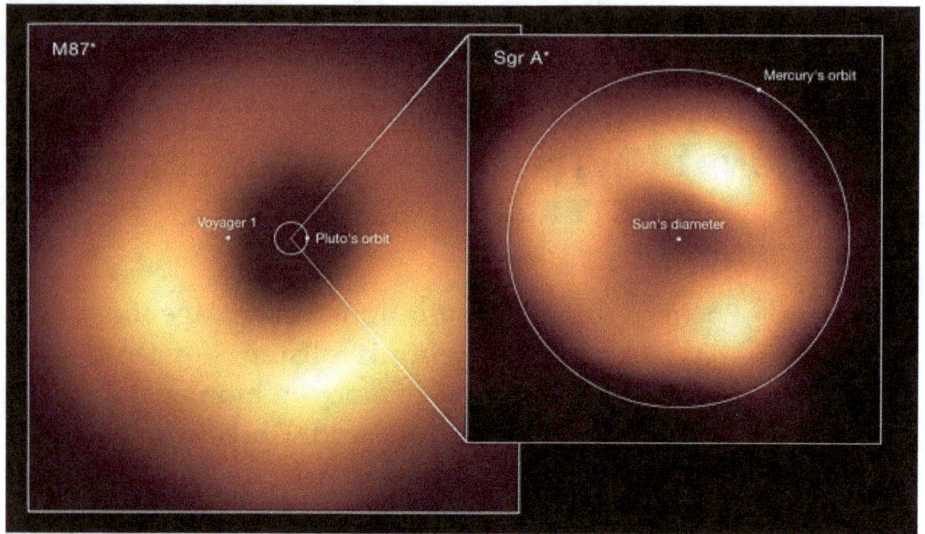

1. Funktionsweise des EHT: Das EHT nutzt die sogenannte Very Long Baseline Interferometry (VLBI), die Daten von Teleskopen weltweit kombiniert, um ein erdgroßes „virtuelles Teleskop" zu schaffen. Diese Technik ermöglicht eine unglaublich hohe Winkelauflösung, die ausreicht, um den Ereignishorizont eines Schwarzen Lochs zu „sehen".

2. Was das Bild zeigt: Das Bild zeigt einen hellen Ring aus heißem Gas, der das Schwarze Loch umkreist, mit einem dunklen zentralen Bereich, dem sogenannten „Schatten". Dieser Schatten ist der Ereignishorizont, der Punkt, hinter dem nichts, nicht einmal Licht, entkommen kann. Das Bild bestätigte die Vorhersagen von Einsteins Allgemeiner Relativitätstheorie und lieferte Einblicke in die Physik Schwarzer Löcher.

Gravitationswellen: Das Universum in Schwingung

Gravitationswellen sind Kräuselungen im Raum-Zeit-Gefüge, die Einstein 1916 im Rahmen seiner Allgemeinen Relativitätstheorie vorhersagte. 2015 gelang dem Laser Interferometer Gravitational-Wave Observatory (LIGO) der erste direkte Nachweis dieser Wellen und läutete damit eine neue Ära der Astronomie ein.

1. Die erste Entdeckung: Am 14. September 2015 entdeckte LIGO Gravitationswellen aus der Kollision zweier Schwarzer Löcher in 1,3 Milliarden Lichtjahren Entfernung.
Diese Entdeckung bestätigte die Existenz von Gravitationswellen und eröffnete eine neue Möglichkeit zur Beobachtung des Universums.

2. Funktionsweise von LIGO: LIGO nutzt Interferometer mit 4 km langen Armen, um winzige Veränderungen der Raumzeit durch Gravitationswellen zu messen. Die LIGO-Virgo-Kollaboration (zu der auch der Virgo-Detektor in Italien gehört) hat bereits Dutzende von Ereignissen registriert, darunter Kollisionen von Schwarzen Löchern und Neutronensternen.

3. Wissenschaftliche Bedeutung: Gravitationswellen ermöglichen die Untersuchung von Phänomenen, die für herkömmliche Teleskope unsichtbar sind, wie zum Beispiel die Verschmelzung von Schwarzen Löchern und Neutronensternen. Sie geben außerdem Einblicke in die Natur der Schwerkraft, die Ausdehnung des Universums und die Entstehung schwerer

Elemente wie Gold und Platin.

Supermassive Schwarze Löcher: Die Giganten des Kosmos

Supermassereiche Schwarze Löcher, deren Masse Millionen oder Milliarden Mal größer ist als die der Sonne, bilden den Kern der meisten Galaxien, auch der Milchstraße. Sie spielen eine entscheidende Rolle in der Entwicklung des Universums.

Entstehung und Wachstum supermassiver Schwarzer Löcher

Supermassive Schwarze Löcher (SMBHs) sind extrem massereiche kosmische Objekte, die typischerweise im Zentrum von Galaxien zu finden sind. Der Prozess, wie diese Riesen entstehen und wachsen, ist in der Astrophysik noch immer Gegenstand intensiver Forschung, doch es gibt einige vorherrschende Theorien.

---

1. Entstehung supermassiver Schwarzer Löcher

Im Gegensatz zu stellaren Schwarzen Löchern, die durch den Kollaps massereicher Sterne entstehen, ist der Ursprung supermassereicher Schwarzer Löcher noch ungewiss. Die wichtigsten Theorien sind:

a) Wachstum aus primordialen Schwarzen Löchern

Eine Möglichkeit besteht darin, dass kleinere Schwarze Löcher, die im frühen Universum (kurz nach dem Urknall) entstanden, als „Keime" für supermassereiche Schwarze Löcher dienten. Diese ursprünglichen Schwarzen Löcher wären im Laufe der Zeit gewachsen, indem sie Materie absorbierten und mit anderen Schwarzen Löchern verschmolzen.

b) Direkter Kollaps massiver Gaswolken

Eine andere Theorie geht davon aus, dass große Gaswolken unter bestimmten Bedingungen direkt kollabieren und ein Schwarzes Loch bilden können, ohne die Sternphase zu durchlaufen. Dies würde zu einem anfänglichen Schwarzen Loch führen, das viel größer wäre als die durch Sternkollaps entstehenden, was sein Wachstum beschleunigen würde.

c) Verschmelzung kleinerer Schwarzer Löcher

Schwarze Löcher mittlerer Masse können durch die Verschmelzung mehrerer kleinerer Schwarzer Löcher entstehen, die dann zu einem einzigen supermassereichen Schwarzen Loch verschmelzen.

2. Wachstum supermassiver Schwarzer Löcher

Nach ihrer Entstehung wachsen supermassereiche Schwarze Löcher hauptsächlich auf drei Arten:

a) Akkretierende Materie (Akkretionsscheibe):

Supermassereiche Schwarze Löcher ernähren sich von Gas, Staub und Sternen, die ihrer Gravitation unterliegen. Während Materie spiralförmig auf das Schwarze Loch zusteuert, bildet sich eine extrem heiße und helle Akkretionsscheibe, die enorme Mengen Strahlung freisetzt. Dieser Prozess kann Quasare erzeugen, die leuchtkräftigsten aktiven Galaxienkerne im Universum.

b) Verschmelzung mit anderen Schwarzen Löchern:

Bei Kollisionen zwischen Galaxien können zentrale Schwarze Löcher verschmelzen. Dieser Prozess wird durch die Gravitationsdynamik der verschmelzenden Galaxien angetrieben und führt zur Bildung eines noch größeren Schwarzen Lochs. Diese Verschmelzungen erzeugen Gravitationswellen, die von Observatorien wie LIGO und Virgo nachgewiesen werden können.

c) Stellarer Kannibalismus:

Supermassereiche Schwarze Löcher können Sterne zerstören und verschlingen, die ihnen zu nahe kommen. Dieses Phänomen wird als Gezeitenzerstörung bezeichnet. Dabei wird der Stern durch die enorme Gravitationskraft des Schwarzen Lochs auseinandergerissen und gedehnt. Dabei wird ein Strahlungsausbruch freigesetzt, bevor er verschluckt wird.

3. Bemerkenswertes Beispiel: Das Schwarze Loch in der Galaxie M87

Eines der bekanntesten Beispiele für ein supermassereiches Schwarzes Loch ist das Schwarze Loch im Zentrum der elliptischen Galaxie M87, etwa 55 Millionen Lichtjahre von der Erde entfernt. Zu seinen Hauptmerkmalen gehören:

- **Masse:** Ungefähr 6,5 Milliarden Mal so groß wie die Masse der Sonne.
- **Erstes direktes Bild:** Es war das erste Schwarze Loch, das 2019 vom Event Horizon Telescope (EHT) fotografiert wurde.
- **Relativistischer Jet:** Es stößt einen Partikelstrahl aus, der sich mit nahezu Lichtgeschwindigkeit bewegt und sich über Tausende von Lichtjahren erstreckt.
- **Ereignishorizontregion:** Sein Durchmesser wird auf etwa 40 Milliarden Kilometer geschätzt.

Das aufgenommene Bild des Schwarzen Lochs M87 war historisch, bestätigte Einsteins Vorhersagen zur allgemeinen Relativitätstheorie und ermöglichte eine detailliertere Untersuchung der Struktur Schwarzer Löcher.

---

4. Die Rolle supermassiver Schwarzer Löcher in der Entwicklung von Galaxien

Supermassive Schwarze Löcher beeinflussen ihre Wirtsgalaxien stark durch die Rückkopplung ihrer Aktivität:

- **Quasare und aktive Galaxien:** Wenn supermassereiche Schwarze Löcher sich in einer Phase hoher Akkretion befinden, erzeugen sie extrem leuchtkräftige Quasare.
- **Galaktische Jets und Winde:** Relativistische Jets können Material aus der Galaxie ausstoßen und so die Sternentstehung regulieren, indem sie die

Entstehung neuer Sterne verhindern.

- **Galaxienverschmelzung:** Wenn zwei Galaxien kollidieren, können ihre zentralen Schwarzen Löcher schließlich verschmelzen und so die Struktur der entstehenden neuen Galaxie verändern.

Supermassive Schwarze Löcher gehören zu den faszinierendsten und rätselhaftesten Objekten im Kosmos. Sie wachsen über Milliarden von Jahren, akkumulieren Materie, verschmelzen mit anderen Schwarzen Löchern und beeinflussen ihre Wirtsgalaxien auf tiefgreifende Weise. Das Schwarze Loch M87 ist eines der bekanntesten Beispiele für dieses Phänomen und bleibt ein wichtiges Ziel für das Verständnis der extremen Physik des Universums.

2. Rolle in der Galaxienentwicklung: Supermassive Schwarze Löcher beeinflussen die Sternentstehung und die Struktur von Galaxien. Die von aktiven Schwarzen Löchern freigesetzte Energie kann das galaktische Wachstum regulieren und die Sternentstehung verhindern.

Schwarze Löcher und Gravitationswellen sind extreme Phänomene, die unser Verständnis des Universums auf die Probe stellen. Das erste Bild eines Schwarzen Lochs und die Entdeckung von Gravitationswellen läuteten eine neue Ära der Astronomie ein und ermöglichten uns, den Kosmos auf bisher unmögliche Weise zu erforschen. Diese Entdeckungen bestätigten nicht nur Einsteins Vorhersagen zur Allgemeinen Relativitätstheorie, sondern ebneten auch den Weg für neue Fragen und Herausforderungen. Indem wir diese Phänomene weiter erforschen, entschlüsseln wir die Geheimnisse des Universums und schreiben die Geschichte der Physik neu.

KAPITEL 19: ERKUNDUNG DES SONNENSYSTEMS – MISSIONEN UND ENTDECKUNGEN

Das Sonnensystem ist ein natürliches Labor, das es uns ermöglicht, die Entstehung und Entwicklung von Planeten, Monden und anderen Himmelskörpern zu erforschen. Von den ersten Weltraummissionen über Marsforscher bis hin zu Sonden, die die äußeren Bereiche des Sonnensystems erkunden, hat die Menschheit die Geheimnisse unserer kosmischen Nachbarn entschlüsselt. Dieses Kapitel untersucht die wichtigsten Missionen und ihre Entdeckungen.

Mars: Der rote Planet

Aufgrund seiner relativen Nähe und seines Potenzials, Leben in der Vergangenheit oder Gegenwart zu beherbergen, steht der Mars im Mittelpunkt der Weltraumforschung.

1. Rover auf dem Mars: Neugier und Ausdauer
Marsrover waren von grundlegender Bedeutung für das Verständnis der geologischen und klimatischen Geschichte des Planeten sowie für die Suche nach Hinweisen auf Bewohnbarkeit. Zu den bedeutendsten Rovern zählen Curiosity, der seit 2012 im Gale-Krater im Einsatz ist, und Perseverance, der seit 2021 den Jezero-Krater untersucht. Beide sind NASA-Missionen und spielen unterschiedliche, aber sich ergänzende Rollen bei der Marserkundung.

1. Rover Curiosity (2012-heute)
Curiosity startete am 26. November 2011 und landete am 6. August 2012 im Gale-Krater, einer geologischen Struktur mit dem Sharp Mountain (Aeolis Mons) im Zentrum. Die Mission ist Teil des Mars Science Laboratory (MSL) und ihr Hauptziel ist die Untersuchung der früheren Umweltbedingungen des Mars, um

festzustellen, ob der Planet einst die Entwicklung mikrobiellen Lebens begünstigte.

Wichtigste Ergebnisse

1. **Hinweise auf flüssiges Wasser in der Vergangenheit** Curiosity hat Sedimentablagerungen, hydratisierte Mineralien und geologische Strukturen identifiziert, die auf das Vorhandensein von Seen und Flüssen in der Antike hinweisen. Es wurden Schichten aus Ton und Mineralien wie Smektit entdeckt, die sich in Gegenwart von flüssigem Wasser mit neutralem pH-Wert bilden.

2. **Nachweis organischer Verbindungen** Im Jahr 2018 ergab die Analyse von Gesteinsproben das Vorhandensein komplexer organischer Moleküle, was auf die Existenz von Bausteinen für Leben hindeutet.

3. **Saisonale Schwankungen des Methans** Der Rover zeichnete Schwankungen der Methankonzentration in der Marsatmosphäre auf, eine Hypothese, die mit geologischen oder, in geringerem Maße, biologischen Prozessen in Verbindung gebracht werden könnte.

4. **Strahlungsanalyse** Es wurden Daten zur Strahlungsintensität auf der Marsoberfläche gesammelt, wichtige Informationen für die Sicherheit künftiger bemannter Missionen.

Wissenschaftliche Instrumente

Curiosity ist mit zehn hochentwickelten wissenschaftlichen Instrumenten ausgestattet, darunter:

- **Chemikalienkammer**: ein Laserspektrometer, das die

chemische Zusammensetzung von Gesteinen aus der Ferne analysiert;
- **SAM (Probenanalyse auf dem Mars)**: untersucht die atmosphärische und organische Zusammensetzung der Proben;
- **MAHLI (Mars Imaging Target)**:Bietet detaillierte mikroskopische Bilder der Gesteinsoberfläche.

Die Curiosity-Mission hat gezeigt, dass auf dem Mars einst bewohnbare Bedingungen herrschten, was erheblich zu unserem Verständnis der Marsumgebung beitrug und die Entwicklung nachfolgender Missionen beeinflusste.

2. Perseverance Rover (2021–heute)

Perseverance ist Teil der Mars-2020-Mission und startete am 30. Juli 2020. Die Sonde landete am 18. Februar 2021 im Jezero-Krater, einem Ort mit Hinweisen auf ein altes Flussdelta. Die Wahl des Kraters erfolgte aufgrund der Hypothese, dass in dieser Umgebung Spuren mikrobiellen Lebens erhalten sein könnten.

Wissenschaftliche Ziele

Das Hauptziel von Perseverance ist die Suche nach Biosignaturen, also Hinweisen auf urzeitliche biologische Prozesse. Die Mission umfasst auch die Sammlung und Lagerung von Gesteins- und Bodenproben für eine spätere Rückkehr zur Erde, die im Rahmen einer gemeinsamen NASA-ESA-Mission geplant ist.

Wichtigste Ergebnisse

1. **Identifizierung von Sedimentablagerungen**Es wurden Schichten aus Sedimentgestein und Karbonatmineralien gefunden, die auf eine aquatische Umgebung schließen lassen, die für die Erhaltung organischer Verbindungen und möglicherweise Biosignaturen günstig ist.

2. **Probensammlung für die Rückkehr zur Erde** Der Rover speichert Proben in versiegelten Röhrchen, die dann in terrestrischen Labors mit anspruchsvolleren Geräten analysiert werden.

3. **Erste Tonaufnahme auf dem Mars** Perseverance zeichnete Geräusche aus der Marsatmosphäre auf, etwa den Wind und die Bewegung des Rovers selbst, und bot so neue Einblicke in die Wechselwirkung zwischen der Atmosphäre und der Oberfläche des Planeten.

4. **Sauerstoffproduktionstests** Das MOXIE-Instrument hat die Machbarkeit der Gewinnung von Sauerstoff aus Kohlendioxid auf dem Mars demonstriert, einer wesentlichen Technologie für zukünftige bemannte Missionen.

Wissenschaftliche Instrumente

Perseverance verfügt über sieben Hauptinstrumente, darunter:

- **Super Kamera**: Laserspektrometer, das die chemische Zusammensetzung von Gesteinen analysiert;
- **SHERLOC** Raman-Spektrometer, das nach organischen Verbindungen und Biosignaturen sucht;
- **MOXIE** Experimentelles System zur Umwandlung von Kohlendioxid in Sauerstoff.

Ein weiteres innovatives Element der Mission ist der von Perseverance getragene Ingenuity-Helikopter, der die ersten kontrollierten Flüge auf einem anderen Planeten durchführte und damit die Machbarkeit zukünftiger Erkundungen aus der Luft demonstrierte.

Die Missionen Curiosity und Perseverance stellen bedeutende

Fortschritte in der Marserkundung dar. Curiosity bestätigte die Existenz bewohnbarer Umgebungen in der Vergangenheit, während Perseverance die Suche nach direkten Beweisen für Leben vertieft und den Weg für zukünftige Probenrückführungen zur Erde ebnet. Die von diesen Rovern gesammelten Daten sind entscheidend für das Verständnis der Marsentwicklung und die Planung zukünftiger bemannter Missionen zum Planeten.

2.Zukünftige Missionen: Rückführung von Marsproben und menschliche Erkundung
Die Erforschung der Planeten schreitet mit immer ehrgeizigeren Missionen weiter voran. Zwei der wichtigsten Initiativen für die kommenden Jahrzehnte sind die Rückführung von Marsproben und die menschliche Erforschung, insbesondere im Rahmen des Artemis-Programms, das den Weg für bemannte Missionen zum Mars ebnen soll.

1. Mars Sample Return (MSR) (2030er Jahre)

Die Mars Sample Return (MSR)-Mission ist eine Kooperation zwischen der NASA und der Europäischen Weltraumorganisation (ESA), um vom Perseverance-Rover auf dem Mars gesammelte Proben zur Erde zurückzubringen. Es ist die erste Mission, die Marsmaterial zur detaillierten Analyse in erdgebundenen Laboren transportiert. Dies ermöglicht ein Forschungsniveau, das die Bordinstrumente des Rovers nicht erreichen können.

Wissenschaftliche Ziele

- **Analyse möglicher Biosignaturen** Das Vorhandensein organischer und mineralischer Verbindungen in Sedimentgesteinen kann auf frühere biologische Aktivitäten hinweisen.
- **Untersuchung der geologischen und klimatischen Entwicklung des Mars** Die Zusammensetzung der

Proben wird dazu beitragen, die Geschichte des Planeten zu rekonstruieren.

- **Risikobewertung für zukünftige bemannte Missionen:** Verstehen Sie die Bodenzusammensetzung und potenzielle biologische oder chemische Gefahren.

Missionsphasen

Der aktuelle Plan sieht mehrere Starts und den Einsatz mehrerer Raumfahrzeuge zum Sammeln, Aufbewahren und Zurücktransportieren der Proben zur Erde vor:

1. **Sammlung von Ausdauerproben** (2021–heute): Der Rover sammelt Gesteins- und Regolithproben in versiegelten Röhren.

2. **Beispiel einer Rückführungsmission** (2030er Jahre):

    - Ein Lander (Sample Retrieval Lander) wird mit einem kleinen ESA-Rover an Bord auf dem Mars landen, um die von Perseverance zurückgelassenen Röhren zu bergen.
    - Das Mars Ascent Vehicle (MAV), eine kleine Rakete, wird von der Marsoberfläche starten und die Proben in die Umlaufbahn des Planeten bringen.
    - Ein von der ESA betriebener Earth Return Orbiter (ERO) wird den Probenbehälter abfangen und die Rückreise zur Erde antreten.

3. **Ankunft auf der Erde** Die Proben müssen an einem sicheren und kontrollierten Ort landen, von wo aus sie zur Analyse in streng geschützte Labore gebracht

werden.
Wissenschaftliche Bedeutung
Die Rückführung der Marsproben stellt einen Meilenstein in der Weltraumforschung dar. Wissenschaftler können nun modernste Labortechniken nutzen, um außerirdische Materialien zu untersuchen, ohne die Einschränkungen durch Instrumente in Lande- und Roverfahrzeugen. Diese Analyse könnte unser Verständnis des Mars, seiner früheren Bewohnbarkeit und seines Potenzials, Leben zu ermöglichen, revolutionieren.

2. Menschliche Erkundung: Das Artemis-Programm und der Weg zum Mars

Mit dem Artemis-Programm strebt die NASA eine nachhaltige Präsenz auf dem Mond an. Ziel ist es, Technologien und Infrastruktur für zukünftige Marsmissionen zu entwickeln. An der Initiative arbeiten mehrere Raumfahrtagenturen zusammen, darunter die ESA, die japanische JAXA und die kanadische CSA.

Ziele des Artemis-Programms

- **Aufbau einer nachhaltigen Präsenz auf dem Mond**Bau der Gateway Station, einer Mondumlaufplattform, die als Stützpunkt für zukünftige bemannte Missionen dienen soll.

- **Entwicklung neuer Weltraumtechnologien:**Testen von Lebensräumen, Lebenserhaltungssystemen, neuen Raumanzügen und fortschrittlichen Antrieben.

- **Entdecken Sie Mondressourcen:**Untersuchen Sie die Möglichkeit, Eisabbau zur Sauerstoff- und Kraftstoffproduktion zu nutzen.

- **Vorbereitung von Astronauten auf interplanetare**

Missionen Die Erfahrungen aus längeren Aufenthalten auf dem Mond werden dazu beitragen, zukünftige bemannte Expeditionen zum Mars vorzubereiten.

Phasen des Artemis-Programms

1. **Artemis I (2022)** Unbemannter Test der SLS-Rakete (Space Launch System) und des Raumfahrzeugs Orion, das den Mond umkreiste und zur Erde zurückkehrte.

2. **Artemis II (2025 – geplant):** Die erste bemannte Mission um den Mond seit der Apollo-Ära, bei der vier Astronauten die Systeme von Orion auf einem Flug um den natürlichen Satelliten testen.

3. **Artemis III (2026 – geplant):** Bemannte Mission zur Landung auf dem Mond, bei der die erste Frau und der erste Schwarze den Mondboden betraten.

4. **Artemis IV und darüber hinaus (2028–2030)** Errichtung der Gateway-Station und Beginn ausgedehnter Missionen auf der Mondoberfläche.

Der Weg zum Mars

Die menschliche Erforschung des Mars erfordert fortschrittliche Technologien und sorgfältige Planung aufgrund der Entfernung (eine einfache Reise kann zwischen sechs und neun Monaten dauern), der Notwendigkeit einer erweiterten Lebenserhaltung und der Auswirkungen der verringerten Schwerkraft auf die menschliche Physiologie. Das Artemis-Programm spielt eine entscheidende Rolle bei:

- **Langlebige Systemtests** Die bei Gateway und auf Mondbasen gesammelten Erfahrungen werden dazu beitragen, autarke Lebensräume zu entwickeln.
- **Antriebstechnologien verbessern** Solarelektrische Antriebsmotoren und Kernthermieantriebe sind

Möglichkeiten zur Verkürzung der Reisezeit.

- **Astronauten auf das Leben jenseits der Erde vorbereiten** Längere Aufenthalte auf dem Mond werden Daten über die menschliche Gesundheit in außerirdischen Umgebungen liefern und so die Risiken einer Mission zum Mars mindern.

Mögliche Missionen zum Mars

- **Jahrzehnt 2030–2040:** Planung einer bemannten Mission mit einer ersten Landung, gefolgt von längeren Missionen.

- **Nutzung lokaler Ressourcen** Studien weisen auf das Vorhandensein von unterirdischem Eis hin, das in Trinkwasser, Sauerstoff und Raketentreibstoff umgewandelt werden kann.

- **Hilfsrobotermissionen** Bevor Astronauten entsandt werden, könnten weitere Sonden und Rover eingesetzt werden, um den Boden vorzubereiten, die Infrastruktur zu schaffen und Überlebenstechnologien zu testen.

Die Mars Sample Return-Missionen und das Artemis-Programm stellen die nächsten grundlegenden Schritte der interplanetaren Erforschung dar. Die Rückführung von Proben vom Mars wird beispiellose wissenschaftliche Fortschritte ermöglichen, während die Mondkolonisierung das nötige Know-how für die Entsendung von Menschen zum Roten Planeten liefert. Zusammen prägen diese Initiativen die Zukunft der Weltraumforschung und bereiten die Menschheit auf die Entwicklung zu einer interplanetaren Spezies vor.

Die Erkundung der Weiten des Sonnensystems: Weltraummissionen und ihre Entdeckungen

Die Erforschung des Sonnensystems hat zu einem immer

detaillierteren Verständnis der Planeten und Monde geführt, die die Sonne umkreisen. Erfolgreiche Weltraummissionen lieferten überraschende Erkenntnisse über Atmosphären, geologische Zusammensetzungen, dynamische Prozesse und sogar die Möglichkeit außerirdischen Lebens. Nachfolgend finden Sie eine detaillierte Zusammenfassung der wichtigsten Missionen, die unser Wissen über diese Himmelskörper erweitert haben.

1. Saturn und seine Monde: Die Cassini-Mission (1997-2017)

Die Cassini-Huygens-Mission, eine Zusammenarbeit zwischen NASA, ESA und der italienischen Raumfahrtagentur, wurde 1997 gestartet und erreichte Saturn im Jahr 2004. 13 Jahre lang umkreiste die Sonde den Planeten und erforschte seine Ringe, Atmosphäre und Monde, bis ihre Mission im Jahr 2017 endete und sie in die Atmosphäre des Saturn eintauchte.

Wichtigste Ergebnisse

- **Saturn**Cassini enthüllte Details über die Zusammensetzung der Ringe, gigantische Stürme in der Atmosphäre und den Einfluss des Magnetfelds.

- **Titan**:
  - Die an Cassini angeschlossene Sonde Huygens landete 2005 auf Titan und war damit das erste Modul, das auf einem anderen Mond als der Erde landete.
  - Er entdeckte Meere und Flüsse aus flüssigem Methan und Ethan, was auf einen Wasserkreislauf hindeutet, der dem der Erde ähnelt, jedoch auf Kohlenwasserstoffen basiert.
  - Die dichte, stickstoffreiche Atmosphäre könnte Vorläuferverbindungen für die organische Chemie enthalten.

- **Enceladus**:
    - Cassini hat Wassergeysire entdeckt, die aus Rissen in der Eiskruste des Mondes ausbrechen.
    - Die Analyse weist auf das Vorhandensein eines unterirdischen Ozeans hin, der organische Verbindungen und ausreichend chemische Energie enthält, um mikrobielles Leben zu erhalten.
    - Enceladus ist zu einem der vorrangigen Ziele für zukünftige Missionen auf der Suche nach Leben außerhalb der Erde geworden.

2. Jupiter und seine Monde: die Juno-Mission (2016–heute)

Die Sonde Juno wurde 2011 gestartet und erreichte 2016 die Umlaufbahn des Jupiters. Ihr Ziel ist es, den inneren Aufbau des Planeten, seine Atmosphäre und sein starkes Magnetfeld zu untersuchen.

Wichtigste Ergebnisse

- **Atmosphäre und meteorologische Phänomene**
    - Identifizierung riesiger Wirbelstürme an den Polen, von denen einige jahrelang bestehen bleiben.
    - Untersuchungen des Großen Roten Flecks zeigen, dass der Sturm tiefer liegt als bisher angenommen und sich Hunderte von Kilometern unter den Wolken erstreckt.
- **Magnetfeld und innere Struktur**
    - Das Magnetfeld des Jupiters ist asymmetrisch und äußerst dynamisch.
    - Die Ergebnisse deuten darauf hin, dass der Kern des Planeten diffus sein und eine

Mischung aus Gestein und Gas enthalten könnte.

- **Jupiters Monde** (Ziel zukünftiger Erkundungen)
  - **Europa** Es gibt Hinweise darauf, dass sich unter der Eiskruste ein globaler Ozean befindet, was ihn zu einem starken Kandidaten für die Existenz mikrobiellen Lebens macht.
  - **Ganymed** Der größte Mond im Sonnensystem hat ein eigenes Magnetfeld und könnte unter der Erde flüssiges Wasser enthalten.

Die Juno-Mission ist weiterhin in Betrieb und wird voraussichtlich noch mindestens bis 2025 wichtige Daten über Jupiter liefern.

3. Pluto und der Kuipergürtel: Die New Horizons-Mission (2006–heute)

Die 2006 gestartete NASA-Sonde New Horizons flog 2015 zum ersten Mal an Pluto vorbei und enthüllte eine komplexe und aktive Welt. Später im Jahr 2019 besuchte die Sonde Arrokoth, ein primitives Objekt des Kuipergürtels.

Wichtigste Ergebnisse

- **Pluto**
  - **Berge aus Wassereis**, von denen einige über 3.500 Meter hoch sind.
  - **Sputnik-Ebene**, eine riesige, mit gefrorenem Stickstoff bedeckte Region, die einer ständigen geologischen Erneuerung unterliegt.
  - **Dünne Atmosphäre**, reich an Methan und Stickstoff, die Nebelschichten bildet.
  - **Möglicher unterirdischer Ozean** unter der Eiskruste.

- **Arrokoth** (2019)
    - Ein binäres Objekt in Form eines „Schneemanns", das vor Milliarden von Jahren entstanden ist.
    - Es bestätigt die Annahme, dass Planeten aus kleinen Körpern entstehen, die langsam miteinander verschmelzen.

New Horizons setzt seine Reise durch den Kuipergürtel fort und sammelt Daten über die am weitesten entfernten Objekte im Sonnensystem.

---

4. Weitere wichtige Missionen: Voyager 1 und 2 (1977–heute): Erforschung der äußeren Planeten und des interstellaren Raums.

Die Sonden Voyager 1 und 2 wurden 1977 mit dem Ziel gestartet, die Gasriesenplaneten zu erforschen und ihre Reise außerhalb des Sonnensystems fortzusetzen.

- **Reisender 1**
    - Er flog an Jupiter (1979) und Saturn (1980) vorbei und sendete detaillierte Bilder der Atmosphären und Monde der Planeten zurück.
    - Im Jahr 2012 erreichte es als erstes von Menschenhand geschaffenes Objekt den interstellaren Raum und sendet von dort noch immer Daten über kosmische Teilchen zurück.
- **Reisender 2**
    - Neben Jupiter und Saturn passierte er auch Uranus (1986) und Neptun (1989) und lieferte die einzigen detaillierten Bilder dieser Planeten.
    - Auf Triton (Neptuns Mond) wurden Stickstoffgeysire entdeckt, was auf

geologische Aktivitäten hindeutet.
- Seit 2018 befindet es sich auch im interstellaren Raum.

Dawn (2007–2018): Erkundung des Asteroidengürtels

Die Dawn-Mission war die erste, die zwei unterschiedliche Körper im Asteroidengürtel umkreiste: Vesta und Ceres.

- **Vesta**
  - Das drittgrößte Objekt im Asteroidengürtel, dessen Oberfläche von Kratern und Bergen durchzogen ist, die durch massive Einschläge entstanden sind.
- **Ceres**
  - **Zwergplanet** mit Wassereisvorkommen und möglichen unterirdischen Reservoirs.
  - Dabei wurden helle Flecken im Occator-Krater identifiziert, die auf das Vorhandensein von hydratisierten Salzen hindeuten, ein Hinweis auf jüngste geologische Aktivitäten.

Der Betrieb der Mission wurde 2018 eingestellt, ihre Daten werden jedoch weiterhin analysiert, um die Entwicklung des Sonnensystems zu verstehen.

Die Erforschung der Planeten und Monde unseres Sonnensystems hat ein dynamisches Universum voller Überraschungen enthüllt. Von den unterirdischen Ozeanen von Enceladus und Europa über die Methanflüsse von Titan bis hin zu den Eisbergen von Pluto haben Entdeckungen unsere Sicht auf den Kosmos verändert. Zukünftige Missionen wie Europa Clipper (die Europa erforschen wird) werden dieses Erbe fortführen und unser Verständnis von Himmelskörpern und der Möglichkeit von Leben jenseits der Erde weiter vertiefen.

KAPITEL 20: MODERNE KOSMOLOGIE – DAS EXPANDIERENDE UNIVERSUM

Die moderne Kosmologie versucht, die tiefgründigsten Fragen über Ursprung, Entwicklung und Schicksal des Universums zu beantworten. Dank technologischer und theoretischer Fortschritte ist es Wissenschaftlern gelungen, einige der größten Geheimnisse des Kosmos zu entschlüsseln. Dieses Kapitel untersucht die Entdeckungen, die unser Verständnis des Universums geprägt haben, darunter die beschleunigte Expansion, die kosmische Mikrowellenhintergrundstrahlung und die großräumige Struktur des Kosmos.

Die beschleunigte Expansion des Universums und die dunkle Energie

Die Entdeckung, dass sich das Universum mit zunehmender Geschwindigkeit ausdehnt, war einer der wichtigsten Meilensteine der modernen Kosmologie. Dieses Phänomen widerlegt die anfängliche Annahme, dass die Schwerkraft die kosmische Expansion mit der Zeit verlangsamen sollte. Die am weitesten verbreitete Erklärung für diese Beschleunigung ist die Existenz dunkler Energie, eines der größten Rätsel der modernen Physik.

1. Die Entdeckung der Beschleunigung des Universums (1998)

Bis zum Ende des 20. Jahrhunderts glaubten Astronomen, dass sich die Expansion des Universums, die mit dem Urknall begann, aufgrund der Gravitationskraft der darin enthaltenen Materie und Energie verlangsamte. Diese Theorie wurde jedoch 1998 von zwei unabhängigen Wissenschaftlerteams in Frage gestellt:

- **Supernova-Kosmologie-Projekt**(Regie: Saul Perlmutter).

- **Suchteam für hochohmige Supernovas**(Regie: Brian Schmidt und Adam Riess).

Wie kam es zu dieser Entdeckung?
Wissenschaftler untersuchten Supernovae vom Typ Ia, extrem helle Sternexplosionen mit vorhersagbarer Leuchtkraft. Durch die Analyse der Helligkeit dieser Supernovae in weit entfernten Galaxien konnten sie berechnen, wie schnell sich das Universum in der Vergangenheit ausdehnte.

Unerwartete Ergebnisse:
- Anstatt eine Verlangsamung der Expansion des Universums festzustellen, zeigten die Daten, dass die Expansionsrate zunimmt.
- Dies bedeutete, dass eine unbekannte Kraft die Schwerkraft überwand und die Galaxien mit immer größerer Geschwindigkeit voneinander wegzog.

Nobelpreis für Physik 2011
Die Entdeckung war so bemerkenswert, dass sie Saul Perlmutter, Brian Schmidt und Adam Riess 2011 den Nobelpreis für Physik für ihre Beiträge zu unserem Verständnis der kosmischen Evolution einbrachte.

---

2. Die Rolle der dunklen Energie
Dunkle Energie ist eine mysteriöse Komponente des Universums, die als abstoßende Kraft wirkt und die beschleunigte Expansion des Kosmos vorantreibt.

Hauptmerkmale der dunklen Energie
- **Zusammensetzung des Universums**Beobachtungen der kosmischen Mikrowellenhintergrundstrahlung (WMAP, Planck) und großer kosmischer Strukturen deuten darauf hin, dass die dunkle Energie etwa 68 % des Universums ausmacht.
- **Unbekannte Natur**Im Gegensatz zu herkömmlicher Materie und Energie interagiert dunkle Energie

nicht nennenswert mit Licht oder Materie, was ihre direkte Erkennung äußerst schwierig macht.

Mögliche Erklärungen für dunkle Energie
1. **Kosmologische Konstante (Λ)**
    - Einstein führte die kosmologische Konstante (Λ) als mathematischen Begriff in seine Gleichungen der allgemeinen Relativitätstheorie ein, um das Universum statisch zu halten.
    - Nach der Entdeckung der beschleunigten Expansion erkannten die Wissenschaftler, dass dieser Begriff eine dem Weltraum selbst innewohnende Energie darstellen könnte.
    - Diese Hypothese geht davon aus, dass die Wirkung der dunklen Energie über die Zeit konstant bleibt, was mit aktuellen Beobachtungen übereinstimmt.
2. **Quintessenz**
    - Alternativ gehen einige Modelle davon aus, dass dunkle Energie ein dynamisches Feld ist, ähnlich einem Skalarfeld, das sich im Laufe der Zeit verändert.
    - Wenn das stimmt, würde das bedeuten, dass die Ausdehnung des Universums im Laufe der kosmischen Geschichte variieren kann.
3. **Modifikationen in der Gravitationstheorie**
    - Einige Hypothesen legen nahe, dass die allgemeine Relativitätstheorie auf kosmologischen Skalen möglicherweise nicht ganz genau ist.
    - Alternative Modelle versuchen, die beschleunigte Expansion ohne die Notwendigkeit dunkler Energie zu

erklären, aber es besteht noch immer kein Konsens über diese Theorien.

3. Auswirkungen auf die Zukunft des Universums

Dunkle Energie spielt eine zentrale Rolle für das Schicksal des Universums. Abhängig von ihrer wahren Natur und ihrer Entwicklung im Laufe der Zeit können verschiedene Szenarien eintreten:

1. Tiefe Erfrierungen (Hitzetod)

- Wenn die dunkle Energie die Expansion weiterhin stetig vorantreibt, werden sich die Galaxien immer weiter voneinander entfernen.
- Mit der Zeit wird das Universum kalt und dunkel, da keine Sterne mehr entstehen und die kosmische Strahlung nachlässt.
- Dieses Szenario ist als „Wärmetod" oder „Großer Frost" bekannt. Dabei wird alle nutzbare Energie vernichtet, was zu einem toten, inerten Universum führt.

2. Große Träne

- Wenn die dunkle Energie mit der Zeit zunimmt, könnte ihre Stärke so weit zunehmen, dass sie die gesamte Struktur des Universums auseinanderreißt.
- Galaxien, Sterne, Planeten und sogar Atome würden zerstört, wenn die Beschleunigung unendlich würde.
- Dieses als „Big Rip" bezeichnete Katastrophenszenario würde eintreten, wenn die dunkle Energie eine variable und zunehmende Dichte hätte.

3. Big Crunch (Zusammenbruch des Universums) (nach den aktuellen Erkenntnissen weniger wahrscheinlich)

- Wenn die dunkle Energie ihren Einfluss verringert

oder umkehrt, könnte die Schwerkraft die Expansion letztendlich überwinden und dazu führen, dass das Universum in sich zusammenfällt.
- Dies hätte den „Big Crunch" zur Folge, bei dem alle Materie und Energie in einen extrem dichten und heißen Zustand komprimiert würde, was möglicherweise zu einem neuen Urknall führen würde.

Die Entdeckung der beschleunigten Expansion des Universums revolutionierte die moderne Kosmologie und warf neue Fragen zur Natur der Dunklen Energie auf. Obwohl ihre genaue Zusammensetzung weiterhin ein Rätsel ist, deuten Beobachtungen darauf hin, dass sie eine entscheidende Rolle in der Entwicklung und dem Schicksal des Universums spielt. Zukünftige Forschungen, wie die Missionen Euclid (ESA) und Roman Space Telescope (NASA), versprechen ein tieferes Verständnis dieser mysteriösen Kraft und tragen dazu bei, eine der wichtigsten Fragen der Wissenschaft zu beantworten: Was treibt die Beschleunigung des Kosmos wirklich an?

Die kosmische Mikrowellen-Hintergrundstrahlung: das Echo des Urknalls

Die kosmische Mikrowellenhintergrundstrahlung (CMB) ist einer der stärksten Beweise für das Urknallmodell und von entscheidender Bedeutung für das Verständnis der Entstehung und Entwicklung des Universums. Sie ist eine Art „kosmisches Fossil", ein Überbleibsel des Urlichts, das den Kosmos seit seiner Entstehung durchdrungen hat.

1. Was ist CMB?

Die kosmische Mikrowellenhintergrundstrahlung ist das vom Urknall übriggebliebene Licht, das das gesamte Universum nahezu gleichmäßig ausfüllt. Als das Universum noch extrem jung war, etwa 380.000 Jahre nach dem Urknall, bestand es aus einem heißen, dichten Plasma, in dem Protonen und Elektronen ständig mit Photonen (Lichtteilchen) wechselwirkten. In diesem frühen Stadium konnte sich Licht nicht frei bewegen, da es ständig von geladenen Teilchen absorbiert und wieder emittiert wurde. Dies änderte sich, als die Temperatur des Universums so weit sank, dass sich Elektronen mit Protonen zu neutralen Wasserstoffatomen verbinden konnten – ein Vorgang, der als Rekombination bezeichnet wird.

Von diesem Moment an konnten sich Photonen durch den Kosmos ausbreiten, ohne wieder absorbiert zu werden. Sie bildeten die kosmische Hintergrundstrahlung, die wir heute wahrnehmen. Im Laufe der Zeit verschob sich diese Strahlung aufgrund der Expansion des Universums zu längeren Wellenlängen und wird heute im Mikrowellenbereich beobachtet.

Die zufällige Entdeckung (1965): Die CMB wurde 1965 von den Physikern Arno Penzias und Robert Wilson entdeckt, die in den Bell Labs an einem Radioteleskop arbeiteten und dabei auf ein anhaltendes Hintergrundrauschen stießen, das aus allen Himmelsrichtungen kam. Zunächst dachten sie, das Rauschen sei durch lokale Interferenzen verursacht worden, erkannten aber bald, dass es sich um Reststrahlung aus dem Urknall handelte. Für diese bahnbrechende Entdeckung erhielten sie 1978 den Nobelpreis für Physik.

2. Was verrät die CMB über das Universum?

Die kosmische Mikrowellenhintergrundstrahlung liefert eine Momentaufnahme des frühen Universums, eine regelrechte „Karte" des Kosmos, als dieser gerade einmal 380.000 Jahre alt war. Diese Karte zeigt winzige Schwankungen in Temperatur und Dichte, sogenannte Anisotropien. Diese Schwankungen sind fundamental, da sie die Keimzellen der großen kosmischen Strukturen darstellen, die wir heute sehen, wie Galaxien, Galaxienhaufen und Galaxiensuperhaufen.

Detaillierte Beobachtungen der CMB -Mehrere Weltraummissionen haben die CMB mit großer Präzision untersucht, darunter:

- **COBE (NASA, 1989-1993)**– Erste Sonde, die die CMB kartiert und ihre Existenz mit hoher Präzision bestätigt.
- **WMAP (NASA, 2001-2010)**– Sie verfeinerten die kosmologischen Parameter und zeigten, dass das Universum 13,8 Milliarden Jahre alt ist.
- **Planck (ESA, 2009-2013)**– Es lieferte die detaillierteste Karte der CMB und verbesserte die Messungen der Zusammensetzung und Expansionsrate des Universums.

Was sagt uns der WBC?

1. **Das Alter des Universums**– CMB-Messungen zeigen, dass das Universum 13,8 Milliarden Jahre alt ist.
2. *Die Zusammensetzung des Universums– Die CMB bestätigt, dass das Universum zu etwa 68 % aus dunkler Energie, zu etwa 27 % aus dunkler Materie und nur zu etwa 5 % aus gewöhnlicher Materie besteht.*
3. **Die Expansionsrate (Hubble-Konstante)**– Die CMB liefert eine genaue Schätzung der Expansionsrate des Universums, obwohl es Abweichungen von anderen Messungen gibt (ein Problem, das als Hubble-Spannung bekannt ist).

3. Die CMB und die kosmische Inflation: Die kosmische Mikrowellenhintergrundstrahlung stützt zudem nachdrücklich die Theorie der kosmischen Inflation, einer Phase extrem schneller exponentieller Expansion, die Sekundenbruchteile nach dem Urknall stattfand.

Was ist Inflation?

Die Inflationstheorie geht davon aus, dass das Universum kurz nach dem Urknall ein unvorstellbar schnelles exponentielles Wachstum erlebte und sich in weniger als 10 Sekunden von mikroskopischer Größe auf astronomische Dimensionen ausdehnte. $^{-32}$ Sekunden.

Wie zeigt die CMB die Inflation an?

- **Homogenität des Universums –** Das Universum ist auf sehr großen Skalen unglaublich homogen, was ohne Inflation nur schwer zu erklären ist.
- **Ursprüngliche Schwankungen –** Die Inflation sagt winzige Quantenschwankungen im frühen Universum voraus, die sich ausdehnten und zu den in der CMB beobachteten Dichteschwankungen führten.
- **Polarisationsmodus B –** Einige Inflationsvorhersagen deuten darauf hin, dass die CMB ein spezifisches Polarisationsmuster (den B-Modus) enthalten sollte, das noch untersucht wird.

Obwohl die Theorie der kosmischen Inflation weitgehend anerkannt ist, ist ihre genaue Natur noch nicht bestätigt und die Forschung versucht weiterhin, ihre grundlegenden Mechanismen zu verstehen.

Die kosmische Mikrowellenhintergrundstrahlung ist einer der wichtigsten Beweise für die Entstehung des Universums und war entscheidend für die Verfeinerung des kosmologischen Standardmodells. Sie bestätigt nicht nur den Urknall, sondern ermöglicht auch die Erforschung der frühen Entwicklung des Kosmos und die Überprüfung von Hypothesen über Dunkle Energie, Dunkle Materie und kosmische Inflation. Mit zukünftigen Missionen wie dem Simons-Observatorium und CMB-S4 hoffen Wissenschaftler, offene Fragen zu beantworten, beispielsweise nach der Natur der kosmischen Inflation und möglichen neuen Kräften in der Grundlagenphysik.

Die großräumige Struktur des Universums

Das Universum ist nicht einheitlich; es ist in einem riesigen Netzwerk von Strukturen organisiert, das als kosmisches Netz bezeichnet wird. Dieses Netz besteht aus Galaxienhaufen, kosmischen Filamenten und Hohlräumen.

1. Galaxienhaufen: Galaxienhaufen sind die größten gravitativ gebundenen Strukturen im Universum und enthalten Hunderte oder Tausende von Galaxien, heißem Gas und dunkler Materie. Beispiel: Der Virgo-Haufen, der der Milchstraße am nächsten liegt.

2. Kosmische Filamente: Filamente sind Materiebahnen, die Galaxienhaufen miteinander verbinden und ein kosmisches Netz bilden. Sie bestehen hauptsächlich aus dunkler Materie und Gas, und an ihren Rändern bilden sich Galaxien.

3. Kosmische Hohlräume: Hohlräume sind riesige, nahezu leere Regionen mit wenigen Galaxien oder sichtbarer Materie. Sie machen etwa 80 % des Universumsvolumens aus und sind von Filamenten und Galaxienhaufen umgeben.

4. Die Rolle der Dunklen Materie: Dunkle Materie, die etwa 27 % des Universums ausmacht, ist für die Bildung großräumiger Strukturen unerlässlich. Ihre Schwerkraft zieht gewöhnliche Materie an und bildet so die Keimzelle kosmischer Strukturen.

Die moderne Kosmologie hat uns einen tiefen und detaillierten Einblick in das Universum ermöglicht, von seinen Ursprüngen im Urknall bis zu seiner großräumigen Struktur. Die Entdeckung der beschleunigten Expansion und der Dunklen Energie, die Erforschung der kosmischen Mikrowellenhintergrundstrahlung und die Kartierung des kosmischen Netzes haben unser Verständnis des Kosmos verändert. Dennoch bleiben viele Rätsel, wie beispielsweise die Natur der Dunklen Energie und der Dunklen Materie, ungeklärt.

Mit der Entwicklung neuer Technologien und Observatorien erforschen wir weiterhin die Grenzen des menschlichen Wissens und suchen nach Antworten auf die grundlegendsten Fragen des Universums.

KAPITEL 21: NEUE GALAXIEN UND STERNE – JENSEITS DER MILCHSTRASSE

Das Universum ist eine riesige und dynamische Landschaft, in der Galaxien und Sterne entstehen, sich entwickeln und vergehen. Dank technologischer Fortschritte wie dem James-Webb-Weltraumteleskop (JWST) erforschen wir ferne Galaxien, entschlüsseln die Lebenszyklen von Sternen und verstehen die entscheidende Rolle der Dunklen Materie bei der Entstehung und Entwicklung kosmischer Strukturen. Dieses Kapitel untersucht diese faszinierenden Entdeckungen, die unser Verständnis des Kosmos neu definieren.

Ferne Galaxien: Ein Blick in die Vergangenheit

Galaxien sind die grundlegenden Bausteine des Universums. Durch die Untersuchung der entferntesten Galaxien können wir einen Blick in die Vergangenheit werfen und die Entstehung und Entwicklung der frühesten kosmischen Strukturen beobachten.

1. Die Rolle des James Webb-Weltraumteleskops (JWST): Das 2021 gestartete JWST ist das fortschrittlichste Teleskop aller Zeiten und kann das Infrarotuniversum mit beispielloser Präzision beobachten. Es enthüllt Galaxien, die nur wenige hundert Millionen Jahre nach dem Urknall entstanden sind, und bietet Einblicke in das „dunkle Zeitalter" und die Entstehung der ersten Sterne und Galaxien.

2. Primordiale Galaxien und JWST-Entdeckungen: Primordiale Galaxien sind die ersten kosmischen Strukturen im Universum und entstanden einige hundert Millionen Jahre nach dem Urknall. Die Erforschung dieser Galaxien ist entscheidend für das Verständnis der Mechanismen der Sternentstehung, der Entwicklung kosmischer Strukturen und der Rolle der Dunklen Materie bei der Organisation des Universums.

Mit der Ankunft des James Webb-Weltraumteleskops (JWST) haben Astronomen nun Zugang zu detaillierteren Beobachtungen dieser weit entfernten Galaxien, wie beispielsweise GLASS-z13, die etwa 300 Millionen Jahre nach dem Urknall existierte. Die Analyse dieser Galaxien stellt bestehende Modelle in Frage und liefert neue Erkenntnisse zur Entstehung des frühen Universums.

1. Eigenschaften primordialer Galaxien

Urgalaxien unterscheiden sich von modernen Galaxien. Sie sind kleiner und kompakter, haben eine schwach ausgeprägte Struktur und bestehen überwiegend aus Wasserstoff und Helium. Zu ihren Hauptmerkmalen zählen:

- **Reduzierte Abmessungen:** Ihr Durchmesser liegt in der Größenordnung von Tausenden von Lichtjahren und ist damit deutlich kleiner als der von Galaxien wie der Milchstraße, die einen Durchmesser von etwa 100.000 Lichtjahren hat.
- **Hohe Sternentstehungsrate:** Sie bilden intensiv und schnell Sterne und tragen zur Verbreitung der ersten schweren chemischen Elemente im interstellaren Medium bei.
- **Niedriger Metallgehalt:** Da diese Galaxien kurz nach dem Urknall entstanden, enthalten sie neben Wasserstoff und Helium nur wenige Elemente, da die schwereren Elemente in den frühesten Sterngenerationen noch synthetisiert wurden.
- **Einfluss der Dunklen Materie** Die Ansammlung sichtbarer Materie in diesen Urgalaxien wurde maßgeblich durch die Anwesenheit dunkler Materie beeinflusst, die im Laufe der Zeit eine grundlegende Rolle bei der Entstehung dieser Strukturen spielte.

2. Entdeckung von GLASS-z13 durch das JWST

Durch die Beobachtung des Universums im Infrarotspektrum konnte das James Webb-Weltraumteleskop (JWST) extrem weit entfernte Galaxien entdecken, deren Licht aufgrund der Ausdehnung des Universums zu längeren Wellenlängen verschoben wurde.

Zu den bedeutendsten Entdeckungen gehört GLASS-z13, eine der am weitesten entfernten Galaxien, die je beobachtet wurden.

Funktionen von GLASS-z13

- **Alter:**existierte etwa 300 Millionen Jahre nach dem Urknall und ist eine der ältesten bekannten Galaxien.
- **Rotverschiebung:**Es hat eine Rotverschiebung (z) von ungefähr 13, was darauf hindeutet, dass sein Licht etwa 13,4 Milliarden Jahre unterwegs war, bevor es uns erreichte.
- **Aufbau und Entstehung von Sternen**Obwohl er nur einen kleinen Maßstab hatte, war die Sternentstehungsrate hoch, was darauf schließen lässt, dass die Galaxienentstehung möglicherweise früher stattgefunden hat als von früheren kosmologischen Modellen vorhergesagt.

Die Entdeckung von GLASS-z13 stellt traditionelle Theorien über den Zeitpunkt der Entstehung der ersten Galaxien in Frage und deutet darauf hin, dass diese Strukturen möglicherweise weniger als 100 Millionen Jahre nach dem Urknall entstanden sind.

3. Die Rolle der Urgalaxien in der Evolution des Universums

Die Untersuchung primordialer Galaxien bietet Einblicke in grundlegende Prozesse in der Entwicklung des Universums, wie etwa die kosmische Reionisierung, die Bildung der ersten schweren Elemente und die Strukturierung großer moderner Galaxien.

Kosmische Reionisierung

Das von den ersten Galaxien ausgestrahlte Licht spielte eine entscheidende Rolle im kosmischen Reionisierungsprozess, der zwischen 150 und 900 Millionen Jahren nach dem Urknall stattfand. Dieses Phänomen war für den Übergang des Universums von einem von neutralem Wasserstoff dominierten Zustand zu einem ionisierten Medium verantwortlich, wodurch sich Licht im gesamten Kosmos ausbreiten konnte.

Produktion schwerer Elemente

Die ersten Sterne, die in diesen Galaxien entstanden, waren massereich und hatten eine kurze Lebensdauer. Als sie als Supernovae explodierten, verteilten sie schwere Elemente im interstellaren Medium und bereicherten so zukünftige Generationen von Sternen und Galaxien. Dieser Prozess war entscheidend für die Entstehung von Sternensystemen wie dem unseren.

Evolution kosmischer Strukturen

Im Laufe der Zeit kam es in den Urgalaxien zu Verschmelzungen und Gravitationswechselwirkungen, die zur Bildung größerer und komplexerer Galaxien führten. Die Milchstraße beispielsweise ist das Endprodukt einer Milliarden Jahre langen galaktischen Evolution, die von diesen frühesten kosmischen Strukturen ausging.

4. Zukunftsaussichten für die Erforschung primordialer Galaxien

Die JWST-Beobachtungen markieren lediglich den Beginn einer neuen Ära in der beobachtenden Kosmologie. Diese Erkenntnisse werfen neue Fragen auf, darunter:

- Wann genau kam es zur Entstehung der ersten Galaxien?
- Wie hat dunkle Materie die Struktur und Entwicklung dieser Galaxien beeinflusst?

- Wie haben diese frühen Systeme zur Entstehung supermassiver Schwarzer Löcher beigetragen?

In den kommenden Jahren werden neue Missionen wie das Nancy Grace Roman Space Telescope die Forschung des JWST ergänzen und noch detailliertere Messungen der frühesten Strukturen des Universums ermöglichen.

Die Entdeckung primordialer Galaxien wie GLASS-z13 stellt einen bedeutenden Fortschritt in der Erforschung der kosmischen Evolution dar. Die Existenz dieser Strukturen so früh im Universum deutet darauf hin, dass die Galaxienentstehung möglicherweise früher stattgefunden hat als bisher angenommen, was aktuelle theoretische Modelle in Frage stellt. Mit der Verbesserung der Beobachtungstechnologien dürften neue Entdeckungen unser Verständnis der Entstehung von Galaxien, der Dynamik dunkler Materie und der Prozesse, die das Universum, wie wir es kennen, geformt haben, vertiefen.

3. Die Entwicklung von Galaxien: Durch den Vergleich entfernter Galaxien mit nahegelegenen Galaxien rekonstruieren Astronomen die Geschichte der galaktischen Entwicklung, einschließlich der Entstehung supermassereicher Schwarzer Löcher und der Verteilung dunkler Materie.

Sterne und ihre Lebenszyklen

Sterne spielen eine zentrale Rolle im Aufbau und der Entwicklung des Universums. Sie sind für die Kernfusion von Elementen verantwortlich, wandeln Wasserstoff in Helium um und synthetisieren anschließend schwerere Elemente, die im interstellaren Medium verteilt sind. Dieser Prozess treibt nicht nur die Dynamik von Galaxien an, sondern liefert auch die grundlegenden Bausteine für die Entstehung von Planeten und Leben.

Der Lebenszyklus von Sternen variiert erheblich und hängt

von ihrer ursprünglichen Masse ab. Diese beeinflusst ihre Entwicklung und die von ihnen hinterlassenen Überreste. Zu den Hauptphasen dieses Zyklus gehören die Sternentstehung, die aktive Fusionsphase, die finalen explosiven oder allmählichen Ereignisse und die Bildung von Sternresten.

1. **Sternentstehung:** Sterne entstehen in riesigen Molekülwolken, die hauptsächlich aus Wasserstoff und Helium bestehen, vermischt mit geringen Mengen interstellaren Staubs. Diese Umgebungen, auch Sternkinderstuben genannt, befinden sich in Regionen intensiver Sternentstehung, wie zum Beispiel im Orionnebel.

Trainingsprozess
1. **Gravitationskollaps:**
   - Störungen wie Stoßwellen von nahegelegenen Supernovas oder galaktische Wechselwirkungen können innerhalb dieser Wolken einen Gravitationskollaps verursachen.
   - Mit zunehmender Dichte steigt auch die Temperatur, wodurch ein heißer, dichter Kern entsteht, der als Protostern bezeichnet wird.
2. **Die protostellare Phase:**
   - Während dieser Phase nimmt der Protostern weiterhin Masse an und setzt durch Gravitationskontraktion Energie frei.
   - Wenn die Kerntemperatur etwa 10 Millionen Kelvin beträgt, beginnt die Kernfusion von Wasserstoff zu Helium, was die Geburt eines Hauptreihensterns markiert.
3. **JWST-Einfluss:**

- Das JWST liefert beispiellose Beobachtungen des Sternentstehungsprozesses. Seine Infrarotbilder ermöglichen es uns, dichte Gas- und Staubwolken zu durchdringen und so Details über das Wachstum von Protosternen und die Entstehung von Planetensystemen um sie herum zu enthüllen.

2. **Supernovae und Nebel:** Die endgültige Entwicklung eines Sterns hängt direkt von seiner anfänglichen Masse ab. Massereiche Sterne (mehr als 8 Sonnenmassen) beenden ihr Leben in Supernovas, hochenergetischen Ereignissen, bei denen schwere Elemente in das interstellare Medium geschleudert werden.

Die Rolle von Supernovas:
- Supernovas entstehen, wenn einem Stern der Kernbrennstoff ausgeht und es aufgrund der enormen Gravitationskraft zu einem katastrophalen Kollaps des Kerns kommt.
- Dieser Kollaps erzeugt eine Stoßwelle, die die äußeren Schichten des Sterns mit extrem hoher Geschwindigkeit abstößt und das interstellare Medium mit Kohlenstoff, Sauerstoff, Eisen und anderen Elementen anreichert, die für die Entstehung von Planeten und Leben wichtig sind.
- Darüber hinaus kann eine extreme Kernkompression zur Bildung von Neutronensternen oder Schwarzen Löchern führen.

Beispiel: Der Krebsnebel:
- Der Krebsnebel (M1) ist ein Supernova-Überrest aus der Explosion eines massereichen Sterns, der im Jahr 1054 n. Chr. von chinesischen und arabischen

Astronomen beobachtet wurde.
- Im Zentrum des Nebels befindet sich ein Pulsar, ein stark magnetisierter Neutronenstern, der sich schnell dreht und regelmäßige Impulse elektromagnetischer Strahlung aussendet.

Supernovas reichern nicht nur das interstellare Medium an, sondern lösen auch neue Sternentstehungsprozesse aus und spielen somit eine entscheidende Rolle bei der Entwicklung von Galaxien.

---

3. Sterne mit geringer Masse und Weiße Zwerge: Sterne mit einer Masse von weniger als 8 Sonnenmassen, wie beispielsweise die Sonne, folgen einem anderen Entwicklungspfad, der durch eine weniger gewaltsame Endphase gekennzeichnet ist.

Entwicklung massearmer Sterne:
1. **Hauptreihenphase**
   - Während des größten Teils seines Lebens herrscht bei dem Stern ein Gleichgewicht zwischen dem durch die Kernfusion erzeugten Strahlungsdruck und der Gravitationskraft, die ihn zum Kollaps zu bringen versucht.
   - Die Sonne beispielsweise befindet sich derzeit in dieser Phase und wird dort etwa 10 Milliarden Jahre lang bleiben.

2. **Rote Riesenphase**
   - Wenn der Wasserstoff im Kern aufgebraucht ist, beginnt in den äußeren Schichten die Fusion. Dadurch dehnt sich der Stern stark aus und wird zu einem Roten Riesen.
   - Während dieser Phase werden im Inneren des Sterns schwerere Elemente wie

Kohlenstoff und Sauerstoff synthetisiert.

3. **Ausstoßung der äußeren Schichten**
- Schließlich werden die äußeren Schichten des Roten Riesen weggeblasen und bilden einen planetarischen Nebel.
- Der verbleibende Kern wird zu einem Weißen Zwerg, einem extrem dichten Objekt, das hauptsächlich aus Kohlenstoff und Sauerstoff besteht.

Beispiel: Der Ringnebel (M57)
- Der Ringnebel (M57) ist ein klassisches Beispiel für einen planetarischen Nebel und befindet sich im Sternbild Leier.
- Das vom Stern ausgestoßene Material bildet eine helle kugelförmige Struktur, die von der Strahlung des zentralen Weißen Zwergs erleuchtet wird.

Weiße Zwerge unterliegen keiner aktiven Fusion und kühlen im Laufe von Milliarden von Jahren langsam ab. Dabei werden sie zu kalten Sternresten, den sogenannten schwarzen Zwergen (obwohl schwarze Zwerge bisher noch nicht entdeckt wurden, da das Universum noch nicht genügend Zeit hatte, dieses Stadium eintreten zu lassen).

Der Lebenszyklus von Sternen spielt eine grundlegende Rolle in der Entwicklung des Universums. Er beeinflusst die chemische Zusammensetzung von Galaxien und die Entstehung neuer Stern- und Planetengenerationen. Massereiche Sterne beenden ihr Leben in Supernovas und hinterlassen Neutronensterne oder Schwarze Löcher, während sich massearme Sterne zu Roten Riesen und später zu Weißen Zwergen entwickeln.
Die Erforschung der Sternentwicklung, unterstützt durch Teleskope wie das JWST, ermöglicht uns ein besseres Verständnis der Dynamik der Nukleosynthese, der Verteilung chemischer Elemente im Kosmos und der Rolle von Sternen bei der Entstehung von Planetensystemen. Mit der Entwicklung

neuer Beobachtungstechnologien dürften weitere Details der physikalischen Prozesse, die Geburt, Entwicklung und Tod von Sternen bestimmen, ans Licht kommen und unser Verständnis der Struktur und Entwicklung des Universums vertiefen.

Dunkle Materie: das Skelett des Universums

Dunkle Materie ist eine der größten Unbekannten der modernen Kosmologie. Sie ist eine Materieform, die weder elektromagnetische Strahlung emittiert, absorbiert noch reflektiert und daher mit direkten Methoden nicht nachweisbar ist. Ihre Existenz wird jedoch aus ihren Gravitationseffekten auf Galaxien, Galaxienhaufen und die großräumige Struktur des Universums abgeleitet. Obwohl sie etwa 27 % der Energiedichte des Universums ausmacht (laut den neuesten Daten des Planck-Satelliten der ESA), ist ihre genaue Natur noch immer unbekannt. Das Verständnis der Dunklen Materie ist für die Erforschung der Galaxienentstehung und der kosmischen Evolution von entscheidender Bedeutung.

1. Hinweise auf dunkle Materie: Die Hypothese der dunklen Materie entstand aus Diskrepanzen zwischen der sichtbaren Masse von Galaxien und Galaxienhaufen und der Masse, die zur Erklärung ihrer beobachteten Bewegungen erforderlich ist.

Fritz Zwicky und Galaxienhaufen: Der erste Hinweis auf die Existenz dunkler Materie tauchte in den 1930er Jahren auf, als der Schweizer Astrophysiker Fritz Zwicky den Coma-Haufen untersuchte. Er beobachtete, dass sich die Galaxien des Haufens schneller bewegten als erwartet, was auf die Existenz einer unsichtbaren Masse hindeutete, die den Haufen zusammenhält.

Vera Rubin und die galaktischen Rotationskurven: In den 1970er Jahren entdeckte die Astronomin Vera Rubin bei der Untersuchung der Rotation von Spiralgalaxien eine bedeutende Anomalie:

- Gemäß den Newtonschen Gravitationsgesetzen und

- der Keplerschen Dynamik sollte die Geschwindigkeit der Sterne abnehmen, wenn sie sich vom galaktischen Zentrum entfernen, wo der Großteil der leuchtenden Masse konzentriert ist.
- Rubin beobachtete jedoch, dass Sterne am Rand von Galaxien mit etwa der gleichen Geschwindigkeit rotierten wie Sterne näher am Zentrum. Dies deutete auf das Vorhandensein einer großen Menge unsichtbarer Masse hin, die über den leuchtenden Bereich der Galaxien hinaus verteilt war.

Zusätzlich zu den galaktischen Rotationskurven haben weitere Beweise die Theorie der dunklen Materie gestärkt:

- **Gravitationslinse:** Von der Allgemeinen Relativitätstheorie vorhergesagter Effekt, bei dem das Licht weit entfernter Galaxien durch die Anwesenheit einer unsichtbaren Masse zwischen dem Beobachter und der Lichtquelle verzerrt wird.
- **Kosmische Mikrowellenhintergrundstrahlung** Eine Analyse der Anisotropie der kosmischen Strahlung durch die Satelliten WMAP und Planck ergab, dass gewöhnliche Materie nur etwa 5 % des Universums ausmacht, während dunkle Materie etwa 27 % ausmacht.

2. Die Rolle der Dunklen Materie bei der Galaxienentstehung: Dunkle Materie beeinflusst nicht nur die Dynamik von Galaxien, sondern spielt auch eine wesentliche Rolle bei der Entstehung und Strukturierung des Universums.

Halos aus dunkler Materie: Galaxien sind von ausgedehnten Halos aus dunkler Materie umgeben, die die nötige Gravitationskraft liefern, um Sterne, Gas und Staub zusammenzuhalten. Ohne diese zusätzliche Masse würden sich viele Galaxien aufgrund ihrer hohen Rotationsgeschwindigkeit zerstreuen.

Kosmische Struktur und dunkle Materie: Die Verteilung der Dunklen Materie bildet eine kosmische Struktur, das sogenannte kosmische Netz, das die Entstehung von Galaxien und Galaxienhaufen beeinflusst:

- Im frühen Universum dienten winzige Dichteschwankungen der dunklen Materie als „Gravitationskeime", die Gas und gewöhnliche Materie anzogen und so Sterne und Galaxien bildeten.
- **Filamente aus dunkler Materie** verbinden Galaxienhaufen und bilden ein Muster aus Superhaufen und kosmischen Hohlräumen.
- Computersimulationen auf Basis des Lambda-CDM-Modells (Kalte Dunkle Materie + Dunkle Energie) zeigen, dass sich ohne die Anwesenheit von Dunkler Materie in den beobachteten Zeiträumen keine Galaxien gebildet hätten.

Dunkle Materie fungiert daher als Gravitations-„Skelett" des Universums und lenkt das Wachstum kosmischer Strukturen von den frühesten Stadien der kosmischen Evolution an.

3. Die Suche nach der Natur der dunklen Materie: Obwohl ihr Gravitationseinfluss gut dokumentiert ist, bleibt die Zusammensetzung der Dunklen Materie eines der größten Rätsel der modernen Physik. Es gibt verschiedene Theorien zu ihrer Natur, von denen die am weitesten verbreitete ist:

3.1. WIMPs (schwach wechselwirkende massive Teilchen)
Eine der am besten erforschten Hypothesen besagt, dass Dunkle Materie aus WIMPs (Weakly Interacting Massive Particles, schwach wechselwirkende massive Teilchen) besteht. Diese Teilchen:

- Sie hätten eine größere Masse als Protonen und Neutronen, würden jedoch nur über die Schwerkraft

> und die schwache Kernkraft interagieren, was ihre Erkennung äußerst schwierig macht.
> - Wenn sie existieren, könnten sie durch direkte Nachweisexperimente nachgewiesen werden, bei denen in hochempfindlichen Detektoren nach Kollisionen zwischen WIMPs und Atomen gesucht wird.

Experimente wie LUX-ZEPLIN, XENON1T und PandaX untersuchen diese Wechselwirkungen, haben bisher jedoch keine direkten Hinweise auf WIMPs gefunden.

3.2. Axionen: Eine weitere Möglichkeit ist, dass Dunkle Materie aus Axionen besteht, hypothetischen, extrem leichten Teilchen, die mit elektromagnetischen Feldern interagieren. Experimente wie ADMX (Axion Dark Matter Experiment) suchen nach Anzeichen dieser Teilchen, eine konkrete Bestätigung gibt es jedoch noch nicht.

3.3. Ultraleichte Dunkle Materie und alternative Modelle
Weitere Vorschläge umfassen:

> - **Heiße dunkle Materie** (basierend auf sterilen Neutrinos, obwohl vom Standardmodell weniger bevorzugt).
> - **Ultraleichte Dunkle Materie**, deren Teilchen winzige Massen hätten und sich auf großen Skalen quantenhaft verhalten würden.
> - **Modifikationen der Schwerkraft** Einige Wissenschaftler vermuten, dass die Allgemeine Relativitätstheorie auf kosmischen Skalen unvollständig sein könnte, und versuchen, die der Dunklen Materie zugeschriebenen Effekte durch Anpassungen der Gravitationsgleichungen zu erklären (Beispiel: MOND-Theorie – Modifizierte Newtonsche Dynamik).

Dunkle Materie bleibt eine der größten Herausforderungen

in der Kosmologie und Teilchenphysik. Beobachtungen dafür liefern solide Belege, die von galaktischen Rotationskurven über Gravitationslinseneffekte bis hin zur Verteilung der kosmischen Mikrowellenhintergrundstrahlung reichen. Ihre Bedeutung für die Entstehung und Entwicklung von Galaxien ist unbestritten, und sie ist grundlegend für die Erklärung der großräumigen Struktur des Universums. Ihre genaue Natur muss jedoch noch geklärt werden, und verschiedene theoretische Modelle und Experimente zielen darauf ab, WIMPs, Axionen oder neue Formen dunkler Materie zu entdecken. Mit der Entwicklung neuer Technologien und Observatorien wie dem Euclidean Space Telescope und dem Vera C. Rubin Observatory werden signifikante Fortschritte bei der Identifizierung und Charakterisierung dunkler Materie erwartet, die zu einem tieferen Verständnis der fundamentalen Physik und der Struktur des Kosmos beitragen.

Jüngste Entdeckungen über Galaxien, Sterne und Dunkle Materie verändern unser Verständnis des Universums. Das James-Webb-Weltraumteleskop ermöglicht uns einen Blick in die Vergangenheit und die Entstehung der ersten Galaxien und Sterne. Gleichzeitig enthüllen Studien über Sternlebenszyklen und die Rolle Dunkler Materie, wie sich der Kosmos zu dem entwickelte, was wir heute sehen.

KAPITEL 22: DIE SUCHE NACH LEBEN IM UNIVERSUM – SETI

Die Suche nach Leben jenseits der Erde ist eine der faszinierendsten und tiefgreifendsten Fragen der modernen Wissenschaft. Dieses Kapitel untersucht die wissenschaftlichen Bemühungen, Antworten zu finden. Die Forschung ist in zwei Hauptbereiche unterteilt: die Astrobiologie, die die Möglichkeit von Leben auf anderen Himmelskörpern untersucht, und SETI (Search for Extraterrestrial Intelligence), das nach Beweisen für intelligente Zivilisationen im Kosmos sucht.

Die Suche nach außerirdischer Intelligenz (SETI) ist ein wissenschaftliches Forschungsgebiet, das sich der Suche nach Signalen technologisch fortgeschrittener Zivilisationen im Universum widmet. Im Gegensatz zur Astrobiologie, die mikrobielle oder primitive Lebensformen untersucht, konzentriert sich SETI auf die Erkennung von Technosignaturen: Anzeichen dafür, dass eine Zivilisation Kommunikationsmittel oder Strukturen entwickelt hat, die aus der Ferne erkannt werden können.

Der zentrale Grundsatz von SETI lautet: Wenn es in anderen Sternensystemen fortgeschrittene Zivilisationen gibt, könnten diese elektromagnetische Signale (wie Radiowellen oder Laserpulse) aussenden, die wir mit erd- und weltraumgestützten Teleskopen erfassen können. Von den ersten Initiativen in den 1960er Jahren bis hin zu modernen Projekten, die von privaten Instituten und Universitäten finanziert werden, bleibt SETI eines der faszinierendsten Gebiete der Weltraumforschung.

1. **Die Ursprünge von SETI:** Die Idee, nach

Signalen außerirdischer Intelligenz zu suchen, gewann im 20. Jahrhundert mit der Weiterentwicklung der Radioteleskoptechnologie an Bedeutung.

Frank Drake und der erste Versuch: 1960 führte der Astronom Frank Drake das erste offizielle SETI-Experiment durch, bekannt als Projekt Ozma. Er nutzte das Green Bank Radioteleskop in den USA, um zwei nahegelegene Sterne (Tau Ceti und Epsilon Eridani) nach künstlichen Radiosignalen abzusuchen. Obwohl er nichts entdeckte, legte seine Initiative den Grundstein für zukünftige Forschungen.

Die Drake-Gleichung: Im folgenden Jahr schlug Drake seine berühmte Gleichung vor, mit der er die Anzahl der nachweisbaren Zivilisationen in der Milchstraße abschätzen wollte. Die Gleichung berücksichtigt Faktoren wie:

- Entstehungsrate lebensfreundlicher Sterne
- Anteil der Sterne mit Planeten
- Anzahl bewohnbarer Planeten pro System
- Wahrscheinlichkeit der Entstehung von Leben und Intelligenz
- Überlebenszeit einer technologischen Zivilisation

Obwohl die Gleichung auf zahlreichen Unsicherheiten beruht, bleibt sie ein wichtiges konzeptionelles Modell für die Diskussion der Möglichkeiten intelligenten Lebens im Universum.

2. Wie sucht SETI nach intelligentem Leben?

SETI basiert auf der Erkennung von Technosignaturen – Spuren, die eine fortgeschrittene Zivilisation im Kosmos hinterlassen könnte. Zu den wichtigsten Strategien gehören:

2.1. Suche nach Funksignalen

Radiowellen sind ideal für die interstellare Kommunikation, weil:

- Sie legen weite Strecken ohne große Energieverluste zurück.

- Durchquerung interstellarer Staubwolken
- Sie lassen sich leicht von natürlichen Anzeichen unterscheiden.

Wissenschaftler suchen nach Schmalbandsignalen, die sich von den natürlichen Radiosignalen unterscheiden, die von Pulsaren, Quasaren und anderen kosmischen Quellen ausgesendet werden.

Eines der ehrgeizigsten Projekte im Kampf ums Radio ist Breakthrough Listen.

3. Durchbruch-Hörprojekt: Breakthrough Listen ist das größte SETI-Programm aller Zeiten und wird vom russischen Milliardär Juri Milner finanziert. Es umfasst hochempfindliche Radioteleskope wie:

- Green Bank Teleskop (USA)
- Parkes-Teleskop (Australien)
- MeerKAT (Südafrika)

Das Projekt sammelt riesige Datenmengen und analysiert Signale von nahegelegenen Sternen, fernen Galaxien und sogar dem Zentrum der Milchstraße. Tausende Stunden an Daten wurden bisher verarbeitet, doch ein eindeutiges Anzeichen für Intelligenz konnte bisher nicht gefunden werden.

3.1. Das „WOW!"-Signal: Obwohl SETI bisher noch keine bestätigten Geheimdienstsignale empfangen hat, ereignete sich 1977 eines der faszinierendsten Ereignisse: das WOW!-Signal.

- Das vom Big Ear-Radioteleskop in Ohio erfasste Signal hatte eine ungewöhnliche Stärke und Frequenz.
- Es dauerte 72 Sekunden und wurde nie wiederholt, sodass sein Ursprung ein Rätsel ist.
- Einige Hypothesen gehen von terrestrischen Störungen aus, während andere eine künstliche

außerirdische Quelle für die Störung in Betracht ziehen.

4. Das Fermi-Paradoxon und mögliche Erklärungen: Die Suche nach SETI steht vor einem grundlegenden Problem: Wenn das Universum so riesig und alt ist, warum haben wir dann noch keine Hinweise auf außerirdische Zivilisationen gefunden? Diese Frage des Physikers Enrico Fermi ist als Fermi-Paradoxon bekannt.

Einige vorgeschlagene Erklärungen umfassen:

1. **Zivilisationen sind extrem selten**
    - Intelligentes Leben könnte in der Milchstraße ein äußerst seltenes Ereignis sein.

2. **Fortgeschrittene Zivilisationen zerstören sich selbst**
    - Nukleartechnologie, Klimawandel oder unkontrollierte künstliche Intelligenz könnten zum Zusammenbruch von Zivilisationen führen, bevor sie eine Phase der interstellaren Expansion erreichen.

3. **Wir schauen in die falsche Richtung**
    - Fortgeschrittene Zivilisationen nutzen möglicherweise keine Radiowellen oder Laser, sondern Technologien, die uns noch unbekannt sind.

4. **Die „Große Stille"**
    - Zivilisationen können sich aus Sicherheitsgründen gegen die Kommunikation entscheiden und Aufmerksamkeit vermeiden. Diese Idee wird in der Dunkelwald-Hypothese untersucht, die auf Liu Cixins Buch „Das Dreikörperproblem" basiert.

5. **Die Zeichen können überall um uns herum sein,** aber wir können sie nicht erkennen
   - Zivilisationen könnten Neutrinomodulation, Quantenkommunikation oder andere Methoden nutzen, die wir noch nicht entdeckt haben.
6. **Die „Zoo-Hypothese"**
   - Fortgeschrittene Zivilisationen beobachten uns zwar, greifen aber lieber nicht ein (ähnlich dem Konzept der obersten Direktive in „Star Trek").

5. Die Zukunft von SETI: Mit dem technologischen Fortschritt erreicht die Suche nach außerirdischer Intelligenz neue Horizonte:

5.1. Teleskope der nächsten Generation
- Das James-Webb-Weltraumteleskop könnte bewohnbare Exoplaneten auf chemische Signaturen untersuchen, die mit Leben in Verbindung stehen.
- Das Square Kilometer Array (SKA)-Teleskop in Afrika und Australien wird das größte Radioteleskop der Welt sein und unsere Fähigkeit zur Erkennung von Radiosignalen verbessern.

5.2. Suche nach Megastrukturen: Manche Zivilisationen können gigantische Strukturen errichten, wie zum Beispiel Dyson-Sphären (die Energie ganzer Sterne einfangen). SETI untersucht ungewöhnliche Schwankungen in der Leuchtkraft von Sternen, die auf das Vorhandensein solcher Strukturen hinweisen könnten.

5.3. Künstliche Intelligenz und Big Data: Der Einsatz von KI und maschinellem Lernen wird es uns ermöglichen, riesige Datenmengen zu analysieren und so die Chancen zu erhöhen, ungewöhnliche Muster zu finden, die auf außerirdische

Intelligenz hinweisen könnten.

SETI stellt eines der ehrgeizigsten und philosophischsten wissenschaftlichen Vorhaben der Menschheit dar. Auch ohne direkte Beweise deutet die Weite des Universums darauf hin, dass es nur eine Frage der Zeit ist, bis wir Anzeichen dafür finden, falls intelligentes Leben auf anderen Planeten existiert. Dank neuer Technologien, empfindlicherer Teleskope und ausgefeilterer Datenanalysemethoden steht die Menschheit möglicherweise kurz vor einer Entdeckung, die unsere Sicht auf den Kosmos völlig verändern würde. Bis dahin geht die Suche weiter.

Bewohnbare Exoplaneten: neue Grenzen

Mit der Entdeckung Tausender Exoplaneten (Planeten, die andere Sterne umkreisen) hat die Suche nach Leben neuen Schwung gewonnen. Die Analyse der Atmosphären dieser fernen Welten mithilfe von Techniken wie der Transmissionsspektroskopie ermöglicht es Wissenschaftlern, nach Gasen wie Sauerstoff, Methan oder Ozon zu suchen, die auf Leben hinweisen könnten.

Die Suche nach Leben im Universum ist eine Reise, die Wissenschaft, Technologie und tiefe menschliche Neugier vereint. Ob Astrobiologie, SETI oder die Erforschung von Exoplaneten – jede Entdeckung bringt uns dem Verständnis unseres Platzes im Kosmos näher. Während wir Mars, Europa, Enceladus und ferne Welten erforschen, träumen wir weiterhin von der Möglichkeit, dass irgendwo da draußen eine andere Lebensform darauf wartet, entdeckt zu werden.

KAPITEL 23: DIE MENSCHLICHE ERKUNDUNG DES WELTRAUMS: VON DER VERGANGENHEIT IN DIE ZUKUNFT

Die menschliche Erforschung des Weltraums ist eine der größten Errungenschaften unserer Spezies. Sie steht nicht nur für technologischen Fortschritt, sondern auch für die Vereinigung der Nationen um ein gemeinsames Ziel: die Erweiterung des menschlichen Horizonts. Dieses Kapitel zeichnet die Entwicklung der Weltraumforschung nach, von den ersten Schritten auf dem Mond bis hin zu ehrgeizigen Visionen der Kolonisierung anderer Welten.

Die Apollo-Ära: Der erste Schritt über die Erde hinaus

Das Apollo-Programm, das von der NASA zwischen 1961 und 1972 durchgeführt wurde, stellte einen der bedeutendsten Momente der Weltraumforschung dar. Es war nicht nur wegen der Mondlandung ein Meilenstein, sondern auch wegen der technologischen, wissenschaftlichen und politischen Auswirkungen, die es mit sich brachte.
Insgesamt landeten sechs Apollo-Missionen auf der Mondoberfläche und zwölf Astronauten betraten sie. Diese Leistung festigte die Vorherrschaft der USA im Weltraumwettlauf gegen die Sowjetunion und markierte den Beginn einer neuen Ära der Weltraumforschung.

1. Der historische Kontext: das Wettrennen im Weltraum

Die Apollo-Ära lässt sich nur verstehen, wenn man den Kalten Krieg und die Rivalität zwischen den USA und der Sowjetunion berücksichtigt. Nach dem Start von Sputnik 1 durch die Sowjetunion im Jahr 1957 verspürten die Amerikaner den Druck, ihre technologische Führungsrolle zurückzugewinnen.
Das Apollo-Programm war unmittelbar durch die Herausforderung motiviert, die Präsident John F. Kennedy 1961

stellte:

„Ich bin der Meinung, dass sich diese Nation dazu verpflichten sollte, noch vor Ende dieses Jahrzehnts das Ziel zu erreichen, einen Menschen auf dem Mond landen zu lassen und ihn sicher zur Erde zurückzubringen." Diese Erklärung löste beispiellose Investitionen in die NASA und die Luft- und Raumfahrttechnik aus und führte zu einem der ehrgeizigsten Projekte der Menschheit.

2. Erste Schritte: Testen und Entwickeln

Bevor Apollo 11 die erste Landung auf dem Mond durchführte, erlebte die NASA Jahre voller Tests, Misserfolge und technologischer Weiterentwicklungen.

- **Apollo 1 (1967)**– Bei einem Brand während eines Tests kamen die Astronauten Gus Grissom, Ed White und Roger Chaffee ums Leben, was eine vollständige Überprüfung des Programms erforderlich machte.
- **Apollo 7 (1968)**– Erster bemannter Test des Kommando- und Servicemoduls im Erdorbit.
- **Apollo 8 (1968)**– Erste Mission zur Umlaufbahn des Mondes mit Frank Borman, Jim Lovell und William Anders, die ikonische Bilder der Erde aus dem Weltraum übermittelten.
- **Apollo 9 und 10 (1969)**– Sie testeten das Mondmodul (LEM) und alle für die Landung notwendigen Manöver.

Diese Tests ebneten den Weg für den Erfolg von Apollo 11.

3. Apollo 11: Ein Sprung für die Menschheit

Am 16. Juli 1969 startete Apollo 11 vom Kennedy Space Center in Florida. Die Besatzung bestand aus:

- **Neil Armstrong**– Kommandant
- **Buzz Aldrin**– Pilot der Mondlandefähre
- **Michael Collins**– Pilot des Kommandomoduls

3.1. Die Mondlandung

Am 20. Juli 1969 landete die Mondlandefähre Eagle nach viertägiger Reise im Meer der Ruhe. Die Spannungen waren hoch, da der Treibstoff schnell zur Neige ging, und Armstrong musste die Steuerung manuell übernehmen, um ein felsiges Gebiet zu vermeiden.

Endlich kam die berühmte Nachricht: „Houston, hier ist Tranquility Base. Der Adler ist gelandet."

Einige Stunden später stieg Armstrong die Leiter des Moduls hinab und betrat den Mond, wobei er die unsterblichen Worte aussprach:
„Das ist ein kleiner Schritt für einen Menschen, aber ein großer Sprung für die Menschheit." („Es ist ein kleiner Schritt für einen Menschen, aber ein großer Sprung für die Menschheit.") Wenige Minuten später gesellte sich Aldrin zu ihm. Gemeinsam führten sie wissenschaftliche Experimente durch, sammelten Proben und hissten die amerikanische Flagge. Nach etwa 21 Stunden auf der Mondoberfläche kehrten die Astronauten zum Modul zurück und hoben ab, um sich Collins im Kommandomodul Columbia anzuschließen.

3.2. Die Rückkehr zur Erde
Apollo 11 trat am 24. Juli 1969 wieder in die Erdatmosphäre ein und landete im Pazifik. Die Astronauten wurden von der USS Hornet gerettet und unter Quarantäne gestellt, um eine mögliche Kontamination des Mondes zu verhindern.

4. Das Erbe der Apollo-Missionen
Nach dem Erfolg von Apollo 11 landeten zwischen 1969 und 1972 fünf weitere Missionen auf dem Mond:

Mission	Datum	Landeplatz	Bemerkenswerte Astronauten
Apollo 12	November 1969	Ozean der Stürme	Pete Conrad und Alan Bean
Apollo 14	Februar 1971	Fra Mauro	Alan Shepard, Edgar Mitchell
Apollo 15	Juli 1971	Hadley-Pennines	David Scott, James Irwin
Apollo 16	April 1972	Descartes-Plateau	John Young, Charles Duke
Apollo 17	Dezember 1972	Taurus-Littrow-	Eugene Cernan, Harrison

| | | Tal | Schmitt |

Die Landung von Apollo 13 auf dem Mond schlug aufgrund einer Explosion im Servicemodul fehl, doch nach einer dramatischen Rettungsaktion gelang der Besatzung die sichere Rückkehr.

4.1. Wissenschaftlicher und technologischer Fortschritt
Die Apollo-Missionen hinterließen ein enormes Erbe für Wissenschaft und Technologie:

4.1.1. Mondproben und das Verständnis des Sonnensystems
Mehr als 380 kg Mondgestein wurden gesammelt und analysiert, was uns hilft, die Entstehung des Mondes und die Entwicklung des Sonnensystems zu verstehen.

4.1.2. Computerentwicklung und Weltraumtechnologie
Apollo beschleunigte die Miniaturisierung elektronischer Komponenten und beeinflusste damit moderne Computer. Der Bedarf an zuverlässigen Systemen führte zur Entwicklung fortschrittlicher Software und integrierter Schaltkreise.

4.1.3. Auswirkungen auf die Kommunikations- und Werkstofftechnik
- Verbesserungen bei Satellitenschüsseln und Satellitenübertragungssystemen.
- Entwicklung hitzebeständiger Materialien für den Wiedereintritt in die Kapsel.
- Entwicklung hochentwickelter Raumanzüge mit Einfluss auf die Textilindustrie.

5. Das Ende der Apollo-Ära und die Zukunft der Mondforschung
Apollo 17 war 1972 die letzte bemannte Mission zum Mond. Das Programm wurde aufgrund der hohen Kosten und mangelnder öffentlicher und politischer Unterstützung abgebrochen.

5.1. Das Artemis-Programm und die Rückkehr zum Mond
Heute plant die NASA im Rahmen des Artemis-Programms eine Rückkehr zum Mond, um dort eine nachhaltige Präsenz

aufzubauen und den Weg für künftige Missionen zum Mars zu ebnen.

Artemis III, geplant für 2026, soll mit dem Starship-Modul von SpaceX die erste Frau und den ersten Schwarzen auf die Mondoberfläche bringen.

Die Apollo-Ära war ein einzigartiger Moment in der Menschheitsgeschichte. Sie war mehr als nur ein politischer Sieg, sie war vielmehr ein Triumph der Wissenschaft, der Technik und des menschlichen Entdeckergeistes.

Bilder von Astronauten auf der Mondoberfläche inspirieren noch heute Generationen, und die technologischen Fortschritte, die das Programm mit sich brachte, prägen unsere Welt bis heute. Mit der geplanten Rückkehr zum Mond und der Möglichkeit, den Mars zu erkunden, lebt das Apollo-Erbe weiter und läutet die nächste Ära der Weltraumforschung ein.

Die Internationale Raumstation (ISS): ein Labor im Weltraum

Die Internationale Raumstation (ISS) ist eines der bedeutendsten Beispiele internationaler Zusammenarbeit in der Menschheitsgeschichte. Seit dem Start ihres ersten Moduls im Jahr 1998 dient die ISS als orbitales Labor für wissenschaftliche und technologische Forschung und ist zugleich ein Symbol der Einheit der Nationen.

Globale Zusammenarbeit

Die Internationale Raumstation (ISS) ist ein Gemeinschaftsprojekt der Raumfahrtbehörden der USA (NASA), Russlands (Roskosmos), Europas (ESA), Japans (JAXA) und Kanadas (CSA). Diese Zusammenarbeit zeigt, dass die Weltraumforschung politische und kulturelle Grenzen überwinden kann.

Wissenschaftliche Forschung

Die Mikrogravitation auf der ISS ermöglicht einzigartige Experimente in Bereichen wie Biologie, Medizin, Physik und Materialwissenschaften. Die Forschung zu Kristallwachstum,

Flüssigkeitsverhalten und den Auswirkungen von Strahlung auf den menschlichen Körper hat praktische Anwendungsmöglichkeiten auf der Erde und ist für zukünftige Langzeitmissionen unerlässlich.

Die Zukunft der Weltraumforschung: zum Mars und darüber hinaus

Der nächste große Schritt in der menschlichen Weltraumforschung ist im Gange, mit ehrgeizigen Plänen zur Rückkehr zum Mond, zur Errichtung von Mondbasen und schließlich zur Entsendung bemannter Missionen zum Mars.

Mondbasen und nachhaltige Exploration
Der Mond ist nicht nur ein Reiseziel, sondern auch ein Testgelände für Technologien, die die Erforschung des Mars und darüber hinaus ermöglichen. Mondbasen könnten zur Gewinnung von Ressourcen wie Wasser und Mineralien sowie zur Entwicklung langfristiger Lebenserhaltungssysteme genutzt werden.

Weltraumkolonisierung
Neben Mond und Mars gibt es Visionen für die Besiedlung anderer Himmelskörper, wie etwa Asteroiden und der Monde von Jupiter und Saturn. Der Asteroidenbergbau könnte beispielsweise wertvolle Ressourcen für die Erde und zukünftige Weltraummissionen liefern.

Die menschliche Weltraumforschung ist eine kontinuierliche Reise, angetrieben von Neugier, Innovation und internationaler Zusammenarbeit. Von den ersten Schritten auf dem Mond bis zu den Plänen zur Besiedlung des Mars bringt uns jeder Erfolg einer Zukunft näher, in der die Menschheit nicht länger auf die Erde beschränkt ist. Während wir die Sterne betrachten, träumen wir weiterhin von dem, was dahinter liegt, im Wissen, dass der Weltraum die nächste große Herausforderung für unsere Spezies darstellt.

KAPITEL 24: ASTRONOMIE IM 21. JAHRHUNDERT: HERAUSFORDERUNGEN UND CHANCEN

Die Astronomie des 21. Jahrhunderts erlebt einen beispiellosen Wandel, angetrieben durch technologischen Fortschritt, globale Zusammenarbeit und ein wachsendes Bewusstsein für die Bedeutung wissenschaftlicher Öffentlichkeitsarbeit. Hier untersuchen wir die Herausforderungen und Chancen, die die moderne Astronomie prägen – von der Big-Data- und künstlichen Intelligenz-Revolution bis hin zur entscheidenden Rolle der Wissenschaft bei der Inspiration zukünftiger Generationen.

Big Data und künstliche Intelligenz: Revolutionierung der Datenanalyse

Die moderne Astronomie generiert dank immer leistungsfähigerer und empfindlicherer Teleskope enorme Datenmengen. Die Bewältigung dieser Informationsmenge erfordert neue Ansätze, und hier kommen Big Data und künstliche Intelligenz (KI) ins Spiel.

Projekte wie das Large Synoptic Survey Telescope (LSST) und das Square Kilometre Array (SKA) generieren jährlich Petabyte an Daten. Diese Daten enthalten wertvolle Informationen über ferne Galaxien, Exoplaneten, dunkle Materie und mehr, eine manuelle Verarbeitung ist jedoch unmöglich.

Künstliche Intelligenz in der Astronomie
KI und maschinelles Lernen werden zu unverzichtbaren Werkzeugen für die Analyse dieser Daten. Algorithmen können Muster erkennen, Himmelsobjekte klassifizieren und sogar astronomische Phänomene vorhersagen. Beispielsweise wurden neuronale Netze eingesetzt, um Exoplaneten in Daten von

Teleskopen wie Kepler und TESS zu erkennen. Dadurch konnten Entdeckungen beschleunigt werden, die früher Jahre gedauert hätten.

Trotz der Fortschritte bringt Big Data auch Herausforderungen mit sich, wie beispielsweise den Bedarf an Speicher- und Verarbeitungsinfrastruktur sowie an Methoden zur Gewährleistung der Genauigkeit und Zuverlässigkeit automatisierter Analysen. Die Astronomie des 21. Jahrhunderts erfordert eine neue Generation von Datenwissenschaftlern, die astronomisches und computergestütztes Wissen kombinieren können.

Internationale Zusammenarbeit: Gemeinsam den Kosmos erforschen

Die Astronomie ist von Natur aus eine globale Wissenschaft. Anspruchsvolle Projekte erfordern die Zusammenarbeit zwischen Ländern, Institutionen und Wissenschaftlern aus verschiedenen Bereichen, was zu grenzüberschreitenden Entdeckungen führt.

Square Kilometre Array (SKA): Das SKA ist eines der ehrgeizigsten Projekte der modernen Astronomie. Es ist ein Radioteleskop mit Tausenden von Antennen, die über Südafrika und Australien verteilt sind. Mit einer Sammelfläche von einem Quadratkilometer verspricht das SKA, unser Verständnis des Universums zu revolutionieren – von der Entstehung der ersten Galaxien bis hin zur Entdeckung außerirdischen Lebens.

Event Horizon Telescope (EHT): Das EHT ist ein weiteres bemerkenswertes Beispiel internationaler Zusammenarbeit. 2019 veröffentlichte das Projekt das erste Bild eines Schwarzen Lochs in der Galaxie M87. Möglich wurde dies durch die Synchronisierung von Teleskopen rund um den Globus, wodurch ein erdgroßes „virtuelles Teleskop" entstand.

Herausforderungen der globalen Zusammenarbeit: Trotz

der Vorteile stößt die internationale Zusammenarbeit auf Hindernisse wie politische, wirtschaftliche und kulturelle Unterschiede. Die Sicherung von Finanzmitteln, der Datenaustausch und die länderübergreifende Koordinierung der Bemühungen erfordern diplomatisches Geschick und das Engagement für den wissenschaftlichen Fortschritt.

Wissenschaftliche Öffentlichkeitsarbeit: Inspiration für zukünftige Generationen

Die Astronomie hat die einzigartige Kraft, Menschen jeden Alters zu begeistern und zu faszinieren. Im 21. Jahrhundert spielt die Wissenschaftskommunikation eine entscheidende Rolle bei der Popularisierung der Wissenschaft und der Auseinandersetzung der Öffentlichkeit mit grundlegenden Fragen des Universums.

Astronomie in der Populärkultur
Filme, Serien, Bücher und Videospiele behandeln häufig astronomische Themen und wecken damit das öffentliche Interesse. Darüber hinaus sorgen Ereignisse wie Sonnenfinsternisse, Raketenstarts und die Entdeckung von Exoplaneten für große Medienpräsenz und bringen die Wissenschaft näher an den Alltag.

Bildung und Teilhabe: Wissenschaftsvermittlungsprojekte wie öffentliche Beobachtungen, Vorträge und Schulaktivitäten sind unerlässlich, um junge Menschen für eine Karriere in Wissenschaft und Technik zu begeistern. Die Astronomie kann zudem ein wirksames Instrument zur Förderung der Inklusion sein und zeigen, dass Wissenschaft allen Menschen offen steht, unabhängig von Geschlecht, ethnischer Zugehörigkeit oder Herkunft.

Herausforderungen bei der Verbreitung: Trotz Fortschritten steht die wissenschaftliche Verbreitung vor Herausforderungen, wie Fehlinformationen und mangelndem Zugang zu Bildungsressourcen in einigen Regionen. Die

Bekämpfung von Mythen und Pseudowissenschaft bei gleichzeitiger Förderung kritischen Denkens ist eine ständige Aufgabe für Wissenschaftler und Pädagogen.

Die Astronomie des 21. Jahrhunderts erlebt eine spannende Zeit voller Herausforderungen und Chancen, die die Komplexität und Schönheit des von uns erforschten Universums widerspiegeln. Von der Big-Data- und KI-Revolution bis hin zur internationalen Zusammenarbeit und wissenschaftlichen Öffentlichkeitsarbeit bringt uns jeder Fortschritt den Antworten auf grundlegende Fragen zu unserer Existenz und unserem Platz im Kosmos näher. Während wir das Unbekannte erforschen, inspirieren und vereinen wir weiterhin Menschen in einem der ältesten und edelsten Ziele der Menschheit: dem Verständnis des Universums.

ABSCHLIESSENDE ÜBERLEGUNGEN

Die hier vorgestellte Arbeit bietet einen umfassenden und aktuellen Überblick über Astronomie und Weltraumforschung, von den wissenschaftlichen Grundlagen bis zu den Grenzen des Wissens im 21. Jahrhundert. Die Kapitel behandeln Themen wie die Entstehung und Entwicklung des Universums, die Suche nach außerirdischem Leben und die menschliche Weltraumforschung sowie aktuelle Herausforderungen und Chancen in der Astronomie. Dieser Schluss fasst die wichtigsten Punkte zusammen und reflektiert die Auswirkungen dieser Fortschritte auf Wissenschaft und Gesellschaft.

Das Verständnis des Urknalls, der Galaxienentstehung und der großräumigen Struktur des Universums hat einen soliden theoretischen Rahmen für die moderne Kosmologie geschaffen. Die Entdeckung der beschleunigten Expansion des Universums und der Dunklen Energie hat neue Forschungsfelder eröffnet und Wissenschaftler dazu veranlasst, die grundlegende Natur des Kosmos neu zu überdenken.

Astrobiologie und SETI stellen interdisziplinäre Bemühungen dar, eine der tiefsten Fragen der Menschheit zu beantworten: Sind wir allein im Universum? Die Erforschung des Mars, der Eismonde von Jupiter und Saturn und die Analyse bewohnbarer Exoplaneten haben unsere Perspektiven auf die Möglichkeit von Leben jenseits der Erde erweitert.

Von den Apollo-Missionen über die Internationale Raumstation bis hin zu den Plänen zur Besiedlung des Mars war die menschliche Weltraumforschung ein Beweis für Innovationsfähigkeit und internationale Zusammenarbeit. Diese Bemühungen erweitern nicht nur unseren wissenschaftlichen Horizont, sondern inspirieren auch Generationen und treiben die technologische Entwicklung voran.

Die Revolution von Big Data und künstlicher Intelligenz verändert die Art und Weise, wie wir astronomische Daten sammeln und analysieren. Gemeinschaftsprojekte wie SKA und EHT zeigen, wie wichtig globale Zusammenarbeit bei der Beantwortung fundamentaler Fragen ist. Darüber hinaus spielt die wissenschaftliche Öffentlichkeitsarbeit eine entscheidende Rolle, um die Öffentlichkeit einzubeziehen und zukünftige Wissenschaftler zu inspirieren.

Diese Arbeit unterstreicht die Bedeutung der Astronomie als interdisziplinäre Wissenschaft, die Physik, Chemie, Biologie, Geologie und Informatik verbindet. Die analysierten Fortschritte haben nicht nur Auswirkungen auf unser Verständnis des Universums, sondern auch auf die Entwicklung von Technologien, die unseren Alltag beeinflussen – von Kommunikationssystemen bis hin zu medizinischen Verfahren.

Darüber hinaus dient die Astronomie als Katalysator für internationale Zusammenarbeit und zeigt, dass Wissenschaft politische und kulturelle Grenzen überwinden kann. Projekte wie das SKA und die ISS sind Beispiele dafür, wie globale Zusammenarbeit zu Erfolgen führen kann, die ein einzelnes Land allein nicht erreichen könnte.

Trotz bedeutender Fortschritte steht die Astronomie des 21. Jahrhunderts vor erheblichen Herausforderungen. Die Verwaltung und Analyse großer Datenmengen erfordert kontinuierliche Investitionen in die Infrastruktur und die Ausbildung qualifizierter Fachkräfte. Die internationale Zusammenarbeit ist zwar fruchtbar, muss aber politische und wirtschaftliche Hindernisse überwinden, um sicherzustellen, dass die Vorteile der Wissenschaft gerecht verteilt werden.

Darüber hinaus ist es notwendig, die wissenschaftliche Öffentlichkeitsarbeit zu verbessern, um Fehlinformationen entgegenzuwirken und sicherzustellen, dass wissenschaftliche

Erkenntnisse allen zugänglich sind. Die Astronomie spielt in dieser Hinsicht eine besondere Rolle, da ihre Entdeckungen oft die Fantasie der Öffentlichkeit anregen und als wirksames Instrument zur Förderung von Bildung und kritischem Denken eingesetzt werden können.

Astronomie und Weltraumforschung zählen zu den ehrgeizigsten und inspirierendsten Aufgaben der Menschheit. Durch die Erforschung des Universums erweitern wir nicht nur unser wissenschaftliches Wissen, sondern reflektieren auch unseren Platz im Kosmos und unsere Verantwortung als Spezies. Diese Arbeit soll zum akademischen und öffentlichen Dialog beitragen und die nächste Generation von Wissenschaftlern, Pädagogen und Enthusiasten ermutigen, die Wunder des Universums weiter zu erforschen.

Wenn wir die Sterne betrachten, werden wir daran erinnert, dass die Suche nach Wissen eine nie endende Reise ist, voller Herausforderungen, aber auch grenzenloser Möglichkeiten. Möge dieses Werk allen als Leitfaden und Inspiration dienen, die die Geheimnisse des Kosmos entschlüsseln und dabei uns selbst und die Welt, in der wir leben, besser verstehen möchten.

BIBLIOGRAPHISCHE REFERENZEN

SAGAN, Carl. Kosmos. Übersetzt von Sergio Moraes Rego. New York: Routledge, 1980.

Hawking, Stephen. Eine kurze Geschichte der Zeit: Vom Urknall bis zu den Schwarzen Löchern. Übersetzt von Maria Helena Torres. New York: Routledge, 1988.

SINGH, Simon. Der Urknall: Der Ursprung des Universums. Übersetzung von Diego Alfaro. New York: Routledge, 2006.

NASA. Wissenschaftliche Berichte und Veröffentlichungen*. Verfügbar unter: https://www.nasa.gov. Abgerufen am: [10.02.2022].

ESA (Europäische Weltraumorganisation). Publikationen und Berichte. Verfügbar unter: https://www.esa.int. Abgerufen am: [05.09.2022].

CATLING, David C. Astrobiologie: Eine sehr kurze Einführung. Oxford: Oxford University Press, 2013.

BENNETT, Jeffrey; SHOSTAK, Seth. Leben im Universum. 4. Auflage. San Francisco: Pearson, 2016.

NASA. Perseverance-Mission: Wissenschaftliche Kurzberichte. Verfügbar unter: https://mars.nasa.gov/mars2020/. Abgerufen am: [23.03.2022].

CASSINI-MISSION. Entdeckungen auf Enceladus und Titan. Verfügbar unter: https://saturn.jpl.nasa.gov/. Abgerufen am: [05.08.2022].

WOLFE, Tom. Der Stoff, aus dem die Helden sind. New York: Farrar, Straus and Giroux, 1979.

KRANZ, Gene. Scheitern ist keine Option: Missionskontrolle von

Mercury bis Apollo 13 und darüber hinaus. New York: Simon & Schuster, 2000.

DAVID, Leonard. Moon Rush: Das neue Rennen ums All. Washington, DC: National Geographic, 2019.

NASA. Apollo-Programm: Technische Dokumentation. Verfügbar unter: https://www.nasa.gov/mission_pages/apollo/index.html. Abgerufen am: [06.02.2022].

NASA. Internationale Raumstation: Forschungsberichte. Verfügbar unter: https://www.nasa.gov/mission_pages/station/research/index.html. Abgerufen am: [Datum einfügen].

MAHABAL, Ashish, et al. Datenwissenschaft für Astronomen und Astrophysiker. Princeton: Princeton University Press, 2022.

LSST (Large Synoptic Survey Telescope). Wissenschaftliche Veröffentlichungen. Verfügbar unter: https://www.lsst.org/. Abgerufen am: [19.05.2022].

SKA (Quadratkilometermatrix). Berichte und Forschung. Verfügbar unter: https://www.skatelescope.org/. Abgerufen am: [19.04.2022].

Sagan, Carl. Die von Dämonen heimgesuchte Welt: Die Wissenschaft als Kerze im Dunkeln
Übersetzt von Rosaura Eichenberg. New York: Routledge, 1996.

BOWATER, Laura; YEOMAN, Kay. Wissenschaftliche Kommunikation: Ein praktischer Leitfaden für Wissenschaftler. Oxford: Wiley-Blackwell, 2012.

Wissenschaftliches Verständnis der Öffentlichkeit. Wissenschaftliche Zeitschrift zur Verbreitung wissenschaftlicher Erkenntnisse. Verfügbar unter: [https://journals.sagepub.com/home/pus](https://

journals.sagepub.com/home/pus). Abgerufen am: [04.06.2022].

SKA (Quadratkilometermatrix). Offizielle Dokumentation. Verfügbar unter: https://www.skatelescope.org/. Abgerufen am: [14.06.2022].

EHT (Event Horizon Telescope). Publikationen und Berichte. Verfügbar unter: https://eventhorizontelescope.org/. Abgerufen am: [10.05.2022].

ÜBER DEN AUTOR

José Ruiz Watzeck

Journalistin, Schriftstellerin, Autorin, Physikerin, Geografin, Mathematikerin, Historikerin, Universitätsprofessorin, Neuropsychopädin, Spezialistin für Hochschulunterricht, Postgraduierte in Audit, Management und Umweltlizenzen, Postgraduierte in Geoprocessing und Georeferenzierung, Pädagogin, Spezialistin in Astronomie und Astrophysik.

www.ingramcontent.com/pod-product-compliance
Lightning Source LLC
Chambersburg PA
CBHW071357210526
45465CB00001B/129